国外核燃料后处理厂退役实践

常 宇 主编

中国原子能出版社

图书在版编目（CIP）数据

国外核燃料后处理厂退役实践 / 常宇主编. -- 北京 ：
中国原子能出版社，2024. 10. -- ISBN 978-7-5221
-3735-3

Ⅰ. TL943

中国国家版本馆 CIP 数据核字第 2024KJ4204 号

国外核燃料后处理厂退役实践

出版发行 中国原子能出版社（北京市海淀区阜成路 43 号　100048）
责任编辑 胡晓彤
责任校对 刘　铭
责任印制 赵　明
装帧设计 侯怡璇
印　　刷 北京厚诚则铭印刷科技有限公司
经　　销 全国新华书店
开　　本 787 mm×1092 mm　1/16
印　　张 14. 75　　**字　　数** 249 千字
版　　次 2024 年 10 月第 1 版　2024 年 10 月第 1 次印刷
书　　号 ISBN 978-7-5221-3735-3　　**定　　价** **98. 00 元**

发行电话：010-68452845

序

退役是核设施生命循环的最终阶段。大型核燃料后处理厂的退役工作是一个繁杂的过程，涉及源项调查、去污、设施拆除以及退役废物管理等过程。所有这些活动必须考虑操作人员和公众的健康和安全，以及环境安全问题。

习近平总书记指出“老旧核设施、历史遗留放射性废物风险不容忽视”。后处理厂是老旧设施退役的重点，退役技术和工程实施难度大。国外主要有核国家已在后处理厂退役方面开展了大量工作，美国、德国、法国等国家的后处理厂退役已经取得了实质性的进展。

本书较全面地介绍了国外核燃料后处理厂的基本情况及其在退役方面的实践和经验，内容丰富。本书的出版，既对加快我国核燃料后处理厂的退役具有积极意义，也对后续新建后处理厂的设计、建造和运行具有借鉴意义。

中核四川环保工程有限责任公司董事长

2024 年 8 月

目　录

第 1 章　核设施退役概述

第 2 章　核设施退役废物管理

第4章 国外核燃料后处理厂运行和退役现状

第5章 核燃料后处理厂退役技术与装备

第6章 核燃料后处理厂退役策略选择

第 7 章 核燃料后处理厂退役实践

第 8 章　高放废液贮存设施退役策略及其选择

第 9 章　高放废液贮存设施退役实践

第10章 核燃料后处理厂退役废物处理和处置案例

第 1 章　核设施退役概述

根据国际原子能机构（IAEA）的定义，核设施是生产、加工、使用、处理、贮存或处置核材料的设施，包括相关建筑物和设备。我国核安全法中规定的核设施是指：（1）核电厂、核热电厂、核供汽供热厂等核动力厂及装置；（2）核动力厂以外的研究堆、实验堆、临界装置等其他反应堆；（3）核燃料生产、加工、贮存和后处理设施等核燃料循环设施；（4）放射性废物的处理、贮存、处置设施。

“退役”是允许取消对一个设施的部分或全部监管控制而采取的管理和技术行动。核设施接近或达到其设计寿期或者由于技术进步、政治、经济、事故等种种原因而终止运行，这些终止运行的核设施将被采用适当技术措施和行政手段而退出服役状态，使场址获得有限制或无限制开放和使用，即核设施的退役。

核设施退役的目标是实现场址有限制和无限制地开放和使用。核设施达到设计寿期或受其他原因停止运行后，其中操作或接触了放射性物质的部分还含有不同水平的放射性污染，必须将其妥善地处理处置，将所有设备、厂房、场地清理至可以接受的水平，才能确保人员和环境的安全。核设施退役是核设施全寿命周期的最后一个阶段，涉及政策、技术、经济、环境、社会等诸多因素，应充分考虑工作人员和公众健康与安全及环境保护问题。

1.1　需要退役的核设施

1.1.1　民用核设施

民用核设施的主要部分是与核能生产相关的燃料循环设施，民用核设施还包括工业、医疗、研究设施，这些设施在规模上与核能生产相比则小得多。

1.1.1.1　核燃料循环设施

核燃料循环通常分为核燃料循环前段和核燃料循环后段。核燃料循环前段是指铀矿采冶、纯化转化、浓缩富集和核燃料元件制造；核燃料循环后段是指乏燃料后处理和放射性废物处理和处置。

（1）核电反应堆

根据世界核协会网站最新消息，目前全球共有440个在运行反应堆，分布在32个国家，主要包括压水堆、沸水堆、气冷堆、重水堆和快中子堆等堆型，其中压水堆数量最多，主要分布在中国、美国、法国、韩国、俄罗斯等国家；沸水堆大部分在美国；气冷堆全部在英国，重水堆大部分在加拿大和印度。

截至2023年5月，全球共有212个反应堆永久关闭，130个在欧洲，47个在北美洲，35个在亚洲。其中，压水堆居多（69个），沸水堆（55个）和气冷堆（44个）。在全部已关闭的反应堆中，有190个正在等待退役或处于退役的不同阶段，其中有22个已完全退役，分别为美国17个，德国4个，日本1个。

（2）核燃料前段设施

1）铀矿石加工设施

铀矿石加工设施是用于处理含铀矿石以萃取铀的设施。铀采矿设施通常配置有铀矿石加工设施，或至少在铀矿附近有一个处理工厂，以减少铀矿石长距离的运输需要。一些情况下，来自不同铀矿的矿石在同一个普通铀矿加工厂处理，产生的铀氧化物通常称为黄饼。含有大多数残余放射性的铀矿石残余物和所有的岩石材料作为铀矿石加工工艺的废物遗留，通常称为尾矿。除放射性外，这些尾矿还含有多种有毒物质，主要为重金属，如水银、镉和铅，需与环境隔离。

由于核设施退役是为解除一座核设施的部分或全部监管控制所采取的行政和技术活动，退役的最终目标是无限制开放或利用场址。根据这个定义，废石场和尾矿的关闭不属于退役范畴。

2）铀转化和回收设施

铀转化工厂接受黄饼并将其转化为适合富集操作的纯UF_6气体。在该转化中，杂质被去除，铀与氟结合产生UF_6气体，之后加压冷却为液体。将液态UF_6注入圆柱体容器中，冷却约5天后凝固。圆柱形的固态UF_6运往铀富集工厂。UF_6是在适当温度下以气体存在的唯一铀化合物。铀转化过程中使用强酸和强碱，包括将黄饼粉末转化为可溶形式，这存在工作人员吸入铀的可能。另外，转化过程产生极具腐蚀性的化学品，可导致火灾和爆炸危害。

铀转化和回收设施类似于许多化工厂，工艺生产过程在密闭系统内进行。涉及湿固体、液体、溶剂和排气。设备部件受污染一般在内表面，也可能由于泄漏和溅洒等原因造成外部污染。污染核素通常为铀同位素及其子体，辐射危害通常较小，健康危害主要来自铀重金属毒性和氟气、氟化氢、酸和有机溶剂等化学危害物质。这类设施的退役比较简单。

3）富集设施

来自转化设施的UF_6送往铀富集工厂。在铀富集工厂，气态UF_6的铀含量逐渐上升到一个点，这个点是富集的最终期望水平。加拿大重水铀反应堆和镁诺克斯反应堆使用天然铀作为燃料，无需富集。运行中和已经关闭或退役的大多数反应堆使用浓缩铀燃料作为燃料源。对于这些反应堆，铀的^{235}U含量是3%~5%。

使用最广泛的铀富集工艺是气体扩散工艺。气体扩散工厂通常占地面积较大，设施退役劳动强度大，产生大量的废物。很多早期的这种类型的工厂已经达到设计寿命，退役工程有大量的拆卸活动。退役工程特别要重视核临界安全问题（铀丰度>1%就需要重视核临界安全）；安保问题（若存有核材料，必须高度重视安保）；许多设备单元需要去污；大量金属材料的再循环再利用。

对于利用后处理回收得到的铀进行富集的工厂，因为存在其他污染核素，还应重视强γ辐照和超铀元素的α辐照。其退役需要采取较多的辐射防护措施。

4）燃料元件制造设施

燃料元件制造厂退役废物主要是退役设备、废过滤器、滤渣和碱渣。燃料加工设施接受铀富集工艺和其他原料的最终产品，将其制成可在反应堆或研究堆使用的燃料元件。反应堆燃料通常为块状，由处理过的铀氧化物压制而成，在高温下熔结后包裹在燃料棒中，装入燃料元件中。燃料元件生产大多是开放操作，铀化学毒害和吸入内照射毒害是安全关注的重点。

燃料元件制造设施的退役要重视对α辐射的防护，重视UO_2和金属铀粉末以及硝酸铀酰溶液的化学毒害作用。处理金属铀和铀粉末，由于存在自燃风险，消防是需要重视的问题。铀燃料元件制造设施的退役特别需要关注以下几点：通风措施，防止操作人员吸入α放射性物质造成内照射；临界安全和实物保护；氢燃爆和铀屑自燃；铀和氟的化学毒害。

（3）核燃料循环后段设施

燃料后处理设施是用于核燃料循环后段的设施。核燃料在反应堆中“燃烧”，不仅没有耗尽原有的易裂变核素^{235}U（留下的^{235}U达0.8%~0.9%，比天然铀中的^{235}U丰度还高），而且还产生了新易裂变物质^{239}Pu（约占1%）和锕系元素。辐照过的燃料经过充分冷却后送往后处理设施。在后处理设施中，来自燃料的不同的可回收材料和废物分为不同的物流，之后进行处置或回收作为新燃料再使用。处理后，铀和钚作为加工新的反应堆燃料的材料重新利用，剩余材料作为废物处理。后处理及其放射性废物处理所涉及到的放射性废物多为人工放射性核素，包括裂变产物、活化产物和长寿命锕系元素。后处理厂的高放废液放射性强、毒性高，所含有的核素半衰期长，必须高度重视辐射防护。此外，后处理厂还应重视临界安全问题。

后处理厂有很多厂房和设备，工艺设备多数置于屏蔽室中，如燃料接受设施、燃料贮存水池、燃料脱壳或剪切设备等。后处理厂有许多溶解、调料和萃取用的槽、罐、柱、塔和管道系统，许多蒸发、冷凝和液体贮槽、尾气处理设施，还有铀、钚净化与产品生产车间，放化分析实验室、通风系统、废物处理和整备厂房等。结构材料主要是混凝土和不锈钢，设备室壁面和地面常有不锈钢覆盖。后处理厂设备表面往往有严重污染，存在裂变产物和锕系核素的α、β和γ辐射污染体以及存在核临界安全隐患。后处理厂退役多需要远距离操作或需要施加临时屏蔽体和设置临时通风。

后处理厂主要为裂变产物和锕系放射核素所污染，几十年衰变贮存不会明显降低退役工作人员的受照剂量。此外，后处理厂存在腐蚀性的化学物质，久置腐蚀损坏和老化程度日趋严重，所以后处理厂关闭后应尽早退役。

1.1.1.2　医疗、工业和研究核设施

在医疗、研究和工业领域，有大量的许可用户使用放射性材料。这种核设施大多较小且简单，退役期间的放射性危险较低。这些设施位于研究机构、生物和医学实验室、大学、医疗中心及工业和制造业，通常由未经培训或不熟悉退役、废物管理和设施运行终期相关安全问题的使用者进行退役操作。对于放射性材料如辐射源的很多小型用户，核技术应用是整个业务的一小部分，尽管存在安全要求，但用户的考虑和责任并未充分地延伸到此范围，甚至会忽视最低的退役要求，因此造成一些本可避免的延迟、危险和安全问题。

(1) 医疗核设施

1) 核医疗部门

在核医疗部门中，非密封源用于治疗和诊断。这些类型的非密封源也用于实验室试验。在医疗设施中，核医疗产生的放射性废物的数量最大，种类最多。除^{14}C和^{3}H外，大多数放射性核素为短寿命放射性核素，将很快衰变到可接受水平。

所有核医疗部门为限制进入区域，如接受、贮存和处理放射性材料的区域、管理患者的放射性药品的区域、患者注射等候区和透视显像装置室。

2) 放射疗法部门

放射疗法部门使用密封和非密封源。医院仍是密封放射源的最大使用者之一，主要是用于远距离放射治疗和近距离放射治疗。

在医院的放射疗法部门中，远距离放射治疗器械主要用于癌症患者的治疗。用于这些器械的放射源（通常为^{60}Co和^{137}Cs）具有高放射性（100~500 TBq），装在含有贫铀的屏蔽头中。由于源的寿命和固有屏蔽的质量，这些器械的退役存在挑战。

近距离放射治疗源是含有放射性材料的小型针或籽源。近距离放射治疗装置通常至少有四个不同的区域：贮存区、准备室、应用室和特殊病房。放射性物质用铅容器供应，容器可用作贮存器。通常用于近距放射治疗的主要放射性核素为^{90}Sr，16个源作为一个序列，每个源的活度为1.85 MBq。一些国家如古巴，已对医院近距离放射治疗部门进行了退役。

(2) 工业设施

放射性同位素的工业应用有两方面：放射性同位素生产和放射性同位素应用。辐射源的工业应用多种多样，以辐射与材料的相互作用和最终效应为基础。

1) 源生产

在生产源的设施中，放射性材料最初是使用适合的运输罐盛装，在包容系统中进行运输容器中移出放射性材料。处理放射性材料所使用的包容类型由被处理的放射性核素发射的射线决定。在生产源的设施中，放射性污染主要是由处理非密封形式的放射性材料导致的。这种污染通常在处理非密封材料和生产源的包容系统中。由于材料在热室和手套箱中的进出，污染可扩散到包容系统外部而进入设施中，退役应考虑这一点。

2）探伤和测量

用于探伤和测量的源通常为密封源。这些应用主要有工业探伤、厚度和密度测量、表面测量、湿度测量和测井。探伤中应用最广泛的同位素是^{60}Co、^{137}Cs和^{192}Ir。在厚度和密度测量中，根据测量厚度的不同，使用β或γ辐射源。表面测量中使用最广泛的同位素为^{60}Co和^{137}Cs。用于探伤的源通常包含在便携或可移动设备中，已在很多国家得到广泛应用，尤其是在管道焊接检查方面。很多便携式探伤装置含有贵重金属，可作为废料出售，但会对人员造成受照风险。大量中子和γ源在石油和采矿业测井中的使用如不得到适当的管理，也会造成受照风险。不对仪器放射源做出正确记录或将其作为非放射性废物丢弃或处置将带来重要风险。

3）辐射作用

材料的辐射吸收有多种应用，主要分为高活度γ发射源和低活度α和β发射源两类。一个典型的γ辐照器包括一些含有强放射源的管或棒，主要为用于工业目的的^{60}Co或用于实验室辐照器的^{137}Cs。放射源位于辐射屏蔽内，辐射屏蔽可以是2 m厚的混凝土室。典型的应用有医疗、制药和实验室装置的杀菌；食品、化妆品基础材料的杀菌；保护文档和古董以及修改材料的特性（如颜色、机械性能或气体生成）。这些应用要求的剂量范围为1～25 kGy。在源未发生泄漏前，辐照设施可直接退役。如果发生泄漏，会对设施和环境造成污染，对退役有重要影响。当源暴露时，进入控制系统和程序应当防止人员进入辐照器室内。低活度α和β发射源的应用基于辐射的电离和发光效应，其应用包括：纺织品、纸张、玻璃工业和使用大量易燃材料的工艺中的静电去除；避雷装置；飞机或船只的信号装置的发光材料；烟尘探测器。

4）放射性示踪剂

放射性示踪剂通常为非密封源，使用放射性材料结合或连接在另外一种材料上，通过探测发射的辐射跟踪和研究事件。应用可能会涉及化学反应。放射性示踪剂的应用多样，例如，流体运输测量、磨损和摩擦研究、化学过程研究、环境污染及扩散监测、管道和贮罐泄漏探测和定位以及混合物的均匀性监测。

1.1.1.3 研究用核设施

直接或间接使用放射性物质的研究领域有多种，大致可将核研究分为三个主要方面：小型研究堆和临界装置、核研究实验室和热室及使用放射性核素的普通研究实验室。

（1）小型研究堆和临界装置

小型研究堆（热功率<250 kW）在卸出乏燃料后的放射性存量较低，典型类型为阿贡教学用堆（Argonaut），轻型中子源堆（MNSR），安全低功率临界试验堆（SLOWPOKE）和培训、研究和同位素生产堆（TRIGA）。临界装置通常包含一个栅格或堆，可以在里面调查与核燃料相关的中子增殖。

（2）核研究实验室和热室

研究实验室通常与研究堆、大学和工业设施相关。研究设施通常装有通风柜、手套箱和/或热室，处理多种放射性核素。通风柜主要用于处理对工作人员和环境危险低的示踪剂和放射性材料，通风柜通常与在用的通风系统连接，可造成通风系统污染。在手套箱中处理的材料或对工作人员具有吸入危险，或对环境存在重要的污染问题。典型的应用是在手套箱内为燃料生产对裂变材料进行机械和化学准备或为放射性调查目的对极低水平放射性材料进行操作。

在热室内处理的材料是会导致更高的外部和内部辐射照射危险（吸入、食入和皮肤沾污）材料。热室包括一个由辐射屏蔽（铅和/或混凝土）环绕的室（通常为不锈钢）。热室内进行的活动有燃料棒辐照后分析、小规模乏燃料后处理、反应堆材料分析等。热室可位于研究堆设施内部。

通风柜、手套箱和热室连接到通风系统上，也连接有排水系统。其中使用的任何或所有放射性核素会对排水系统造成污染，因此排水系统是退役的重要组成部分。与热室和手套箱相关的气载污染在通风管道中的传播也是潜在的退役问题。记录污染类型和设施是否用于机械或化学活动对退役有重要作用。如果热室或手套箱内进行了化学活动，残余材料和设备将更难以去污。

（3）普通研究实验室

普通研究实验室包括使用少量放射性示踪剂或源的实验室，主要应用有医学和药物研究，如新陈代谢和毒物学；兽医研究；环境途径研究，如杀虫剂、化学肥料和其他化学品的扩散；大学和研究院所在物理、化学、工程和生物方面的基本应用研究以及农业研究。在这些应用中，放射性材料和辐射源的监测和控制是困难的，将会对退役和放射性调查方面造成影响。

1.1.1.4 粒子加速器

粒子加速器的类型包括范德格拉夫加速器、线性加速器、回旋加速器和同步加速器。由于退役目的，重要的是要强调，只有发出束能量高于几兆电子伏/核子且束功率至少达 100 W 的带电粒子加速器才能在建筑物材料中引起显著的活化。

与核反应堆中产生的经过充分特性调查并加以记录的废物不同，加速器设施中的污染或活化材料可能存在实验和束时间、束流、所用材料和供应者的记录不完善的情况。使用的大量材料和复杂的核素存量增加了信息不充分的问题。

对于辐射屏蔽，加速器在一些情况下放在大的厚壁混凝土结构中，建筑材料中的痕量元素的活化产生大量的低放废物。这些低放废物要满足解除监管控制所需条件，衰变时间为几十年。大型加速器设施因中子活化而达到的放射性水平高于允许解控水平数倍。

1.1.2 军工遗留核设施

从世界核工业的发展历史看，核工业是在以军事为目的的基础上不断发展的，核设施可分为军工核设施和民用核设施。世界上拥有核武器的国家建造了完整的军工核设施体系，这些设施中的一部分目前还在继续用于民用，但大部分设施需要进行退役。

1.1.2.1 美国

美国于 20 世纪开展的 50 多年核武器研发、生产和核能研究活动，建设了数量庞大的核设施，并导致产生了大量放射性废物贮存在多个核场址上等待处理处置。美国政府于 1989 年正式启动环境管理计划，对美国核武器生产和核能研究遗留的废物与设施进行安全清污。计划的范围包括：清除 33 万 m^3 贮槽高放废液；处置 130 万 m^3 低放/混合低放废物；运输/处置 13.4 万 m^3 超铀废物；退役 3 700 座受到放射性污染的核设施，补救和检测 107 个场址大量污染的土壤和地下水；稳定和处置多余的特种核材料；处理和封装 2 420 t 重金属乏燃料。

DOE 的主要退役场址有武器实验室和设施，如洛斯阿拉莫斯国家实验室；科学和核能设施，如橡树岭国家实验室；大的环境场址，包括爱达荷国家实验室、汉福特场址、西田纳西技术公园、萨凡纳河场址和内华达试验场等。

1.1.2.2 英国

20 世纪 40 年代，处于冷战时期的英国建造了用于生产核武器材料的核设施；20 世纪 50 年代起，英国政府委托并建造了一系列世界领先的核电站。这些于 20 世纪 40 年代至 60 年代建造的核场址作为英国的遗留核场址进行管理。

英国于 2005 年成立核退役管理局，负责 17 个早期遗留核场址的退役，这 17 个场址大部分都为民用核设施，并未作为军用核设施管理，退役治理工作将持续上百年时间。其中设施最复杂，退役难度最高的场址为位于英国西北部坎伯兰河岸塞拉菲尔德场址，占地约 1 000 英亩，包括 1 000 多个厂房，超过 200 座设施。

1.1.2.3 法国

法国在 20 世纪五六十年代，为发展核武器，在马库尔场址和阿格场址建造了用于生产武器级钚的核设施。

马库尔场址由 CEA 管理，最初是军事研究设施，后来发展成民用设施，推动了核燃料循环和快中子增殖堆的发展，目前处于退役阶段，主要退役设施为 3 个石墨生产堆和 1 个大型后处理厂 UP1。

阿格后处理厂由欧安诺管理，最初用于生产军用钚。1969 年，法国已有足够的用于武器生产的钚，不再使用后处理中心生产军用钚。之后，阿格后处理厂转为民用运营，军事背景结束。目前 UP2 后处理厂处于退役阶段，其余后处理厂仍在商业运行。

1.1.2.4 俄罗斯

俄罗斯自 20 世纪 40 年代末开始建造核军工设施，用于核武器制造，目前大部分核设施已经关闭，已经退役或等待退役。

俄罗斯为生产核武器材料，建立了马雅克生产联合体、西伯利亚化学联合体（SCC）和采矿与化学联合体（MCC）三大核场址。马雅克建有 10 座生产堆（6 座石墨堆+4 座重水堆）和两座军用后处理厂（B 厂和 DB 厂）。目前大部分生产堆都已关闭退役，还有 1 座石墨堆和 1 座重水堆在运行，用于生产医用氚及其他放射性同位素。SCC 建有 5 座生产堆（石墨堆）和 1 座军用后处理厂，目前均已关闭。采矿与化学联合体是世界上最大的地下钚生产基地，建有 3 座生产堆和 1 座后处理厂，目前生产堆和后处理厂均已关闭。

1.2 核设施退役过程

1.2.1 退役的主要阶段

设施退役发生在去活化之后（也就是关闭操作和移除大量危险性高的乏燃料和密封源之类的放射性和大量危险性高的酸碱之类的化学物质后）。退役过程可分为四个主要阶段，每个阶段涉及不同的、特定的活动。

初步计划阶段。初步计划阶段可在早期开始（关闭前），包括退役方案、预估成本和进度、废物的预计产生和处置量、工作人员和公众的预计照射剂量的初步评估。本阶段的目的是确定满足营运者/许可证持有者需要和满足监管者要求的主要方案和资金积累方法。

详细工程阶段。详细的工程和评价阶段包括计划和具体的工程可行性评价。该阶段通常在设施永久关闭和剩余的放射性和危险物质稳定且可通过测量和计算确定盘存量之后开始。本阶段包括就退役策略，尤其是提出的设施终态的接受性与监管者和利益相关者进行相互沟通。

延迟拆除静止阶段。本阶段（适用时）涉及在延迟拆除前的静止期内对设施进行安全贮存，包括对系统进行排空、对静止期内不需要的电气系统予以停用、清除遗留废物、更改保安系统和进行环境监测。

埋藏阶段。本阶段（适用时）涉及为埋藏目的使设施处于安全贮存，包括对系统进行排空、对静止期内不需要的电气系统予以停用、对遗留废物进行处置、更改保安系统和进行环境监测。剩余的所有放射性系统和结构在埋葬范围内封存，并密封以防止意外闯入。

拆除操作阶段。该阶段也可能包括为满足终态目标对系统和结构进行移除、包装、运输和贮存或处置。例如，对于核电厂，该阶段包括蒸汽发生器、稳压器、反应堆冷却剂泵、反应堆容器和内部构件、所有与安全相关的系统和结构、涡轮发电机、冷却系统、给水系统、水冷却系统、消防系统和最终的厂房拆除。对于燃料循环设施，该阶段包括主要工艺系统和设备的移除。

清污和许可证终止。本阶段为结构的最终拆毁、场址恢复和最终场址调查。最终场址调查的目的是证明场址的残留放射性物质处于可接受水平，许可证可以终止（销号）。

1.2.2 退役的主要活动

退役的主要活动包括退役前活动，设施关闭活动，安全封存和埋藏的其他活动，控制区域内的拆除活动，废物处理、贮存和处置活动，场址基础设施和运行，常规拆除、拆毁和场址恢复，研究与开发等。

退役前活动。退役前活动包括在实际退役前进行的所有准备活动。主要包括退役规划、授权、放射性调查以及危险物质调查和分析等。

设施关闭活动。设施关闭活动包括设施关闭后到获得退役许可证之前的过渡阶段的活动。主要包括厂房关闭和检查，燃料和/或核燃料材料的移除，所有不运行系统的排干、烘干或排放，系统去污，放射性调查，动力设备的隔离等。

安全封存和埋藏的其他活动。安全封存和埋藏的其他活动涉及采用延迟拆除的退役方案所需的准备活动。这些活动是准备设施安全封存需要的活动，以确保安全封存期间的长期稳定性和安全。

控制区域内的拆除活动。控制区域内的拆除活动涉及从控制区域移除污染和活化系统、结构及控制区域外的受污染物项的活动。在拆除前，为确保安全拆除，有采购活动、准备活动和拆除前去污活动。控制区域内的拆除活动不包括废物管理。

废物处理、贮存和处置活动。废物处理、贮存和处置活动涉及管理历史遗留废物及控制区域内的拆除活动和常规拆除、拆毁和场址恢复产生的退役废物的所有活动。主要包括建立废物管理系统（应当包括为退役项目确定的所有类型的废物）及为其提供运行支持。废物的预处理或处理活动包括破碎、去污、超级压实和焚烧等，其他的废物管理步骤包括最终整备、贮存、处置、运输和特性调查。

场址基础设施和运行。场址基础设施和运行活动包括场址安保和监护、场址运行和维护、场址维护（保养）、支持系统的运行及辐射和环境安全监测。这些活动确保支持退役活动所需的场址的安全和辅助系统的可操作性。

常规拆除、拆毁和场址恢复。常规拆除、拆毁和场址恢复涉及的活动有：控制区域外部系统的常规拆除、最初位于控制区域内的厂房和结构的拆毁和控制区域外厂房的拆毁。涉及的活动也包括场址清污和绿化，场址的最终调查。

项目管理、工程和支持。项目管理、工程和支持活动包括退役项目所有阶段的退役活动管理、工程、技术、安全和其他所有类型的相关支持活动。同时还包括实际退役开始前的活动，如员工动员、退役基础设施的设立及在主要退役活动完成后拆除这些设施。

研发。研发涉及与退役项目相关的所有特定的研发活动，通常通过合同由专门机构和公司承担。研发活动主要包括去污、辐射测量及拆除工艺、工具和设备的研发；复杂工作的模型模拟。

1.3 核设施退役政策和策略

1.3.1 核设施退役政策

1.3.1.1 核设施退役政策考虑要素

退役政策是指为了安全、经济、有效地进行核设施退役而制定的一系列目标或要求。国家政策通常包含国家应发挥的作用和承担的职责，主要由国家政府制定。国家退役政策应反映国家的优先考虑事项、条件、体制、人力资源和财政资源状况，与相关的国际协议、公约相符，符合其他非核政策规定，特别是与其他危险物质相关的政策。以下是建立国家退役政策要考虑的主要因素。

（1）职责分工

大多数情况下，产生废物的个人或组织负责实施废物安全管理，但政府也有责任。营运者或许可证持有者负责实施退役活动。国家退役政策应对下述内容予以明确：

1）明确负责制定法律和监管框架的政府部门或其他机构；

2）明确相关监管机构及其职责；

3）明确确保设施安全、有效、及时退役且所产生材料得到适当管理的责任组织（通常为营运者/许可证持有者）；若营运者/持有者无法履行职责，应指明国家对此的安排；

4）明确确保放射性废物长期安全、有效管理的责任组织。

（2）提供资源

国家政策应针对下列各项做出安排：

1）建立为核设施退役提供资源或资金的机制；

2）确保有充足的人力资源，如必要，包括培训和研发人员；

3）退役各阶段，提供制度控制和监控管理。

（3）退役策略

IAEA 成员国采用的退役策略通常包括三种：立即拆除、延迟拆除和封固埋葬。

(4) 安全和安保目标

安全目标是保护个人、社会和环境免受由于核设施退役而产生的电离辐射的有害影响。为防止人员未经许可进入和防止未经许可移除放射性材料，应对设施实体保护和安保做出规定。

(5) 放射性废物管理

国家退役政策应对下述内容做出规定：

1) 国家对主要类型的放射性废物管理的安排；

2) 管理过程的终态（即废物最终目的地）；

3) 长期具有潜在危害的废物，需要有针对性地安排长期安全措施。

若退役政策与国家乏燃料和放射性废物管理政策是两个独立的政策，那么应考虑二者之间的联系，从而建立一致的国家方案。

(6) 废物最小化

核设施退役阶段，实现废物最小化的主要方式包括：

1) 清污的或轻度污染的材料可以再循环、再利用；

2) 利用清洁解控方案确定可解除监管控制的材料。

(7) 退役终态

国家退役政策应对退役工作的终态做出规定，例如，场址无条件解控或有条件解控，并指出允许的场址残余放射性水平。文件和记录保存也是终态的必要组成部分。

(8) 信息公开和公众参与

国家政策应表明政府向公众告知所提出的退役计划，并与相关团体和公众成员进行商议，从而有助于做出相关决策的意向。当前，政府倾向于承诺针对其核项目计划和打算（意向）采取公开和透明的政策。

1.3.1.2 各国核设施退役政策概述

美国对废物管理的国家政策是：对乏燃料、高放废物和超铀废物进行安全、永久的地质处置；对低放废物进行地表或地表下处置；确保公众健康和安全、放射性废物安全（安保）、与环境长期隔离。美国对退役的国家政策是保证含有残留放射性物质的许可场址以一种安全、及时、有效的方式实施退役或治理，从而使核场址恢复利用。在国家放射性废物管理和退役关键决策制定时，利益相关者和公众也参与其中。

英国的退役政策是逐步消除设施所具有的危险，退役操作应考虑所有相关因素，在合理可行的情况下尽快（早）实施。每个营运者负责制定并实施其场址的退役策略和计划，策略和计划应考虑利益相关者的观点。策略应考虑所有相关因素，对这些因素的评价及相关情况应公开透明，策略应以客观的信息和论据以及费用估算作为支撑。营运者应定期审查其策略，并根据情况变化（包括相关国家政策变化）做出相应调整。

法国要求核设施运行结束后应及时退役和拆除。拆除产生的放射性废物应以可靠、透明和严格的方式管理，保护个人、环境并减少对子孙后代所产生的负担。核设施运行结束后会经历一系列的清污操作，然后拆除至终态目标。核安全局（ASN）鼓励场址有条件解控或无条件解控使用。营运者应根据实际情况，选择各自核设施的退役策略和终态目标。核安全局支持立即拆除策略，目前所有营运者已经采用或计划采用该策略。对建筑物和场址在退役后进行解控不采用通用的解控标准，而是根据实际退役策略和将来土地利用情况进行个案研究作出决定。

日本原子能委员会（JAEC）规定，核设施的安全退役由许可证持有者负责，退役应获得当地社区的理解和支持并使退役产生的废物最小化。商用动力堆退役后，在获得相关社区理解的情况下，土地应作为新的核电厂场址再利用。

意大利生产活动部（MPA）于 1999 年年底颁布政策文件规定，处理和整备所有放射性废物并贮存在场址上；通过政府和地区间的专门协议，选择一个近地表国家处置场作为低中放废物最终处置场及乏燃料和高放废物临时贮存场；所有关闭的核设施采取立即拆除策略退役，废除之前的安全封存策略。

1.3.2 核设施退役策略

1.3.2.1 三种策略

目前，IAEA 把核设施退役分为三种策略：立即拆除、延迟拆除和封固埋葬。IAEA 对这些策略都进行了严格的定义，所有现用安全标准中都采用这三种策略。

（1）立即拆除

立即拆除指拆除含放射性污染物的设施的设备、结构和部件或对其进行去污，使之达到允许设施解控以供非限制使用或在监管机构施加的限制条件下实现解控水平的策略。就此而言，退役活动将在永久停止运行后立即开始。这种策略意味着迅速完成退役项目和涉及将所有放射性物质从有关设施移至另一新的或现有经批准的设施，并对其进行处理以供长期贮存或处置。

(2) 延迟拆除

延迟拆除，有时称安全贮存、安全封存或安全关闭，系指在一个能够安全贮存和维护含放射性污染物的设施部件的条件下对其进行处理或存放，直到随后能够对其进行去污和（或）拆除，使之达到允许设施解控以供非限制使用或在监管机构施加的限制条件下实现解控水平的策略。

(3) 封固埋葬

埋葬系指将放射性污染物封入一个具有长寿命的结构（设施）中，直到放射性衰变到允许设施实现不受限制的解控或在监管机构施加的条件下实现解控水平的策略。

封固埋葬退役按处置方式来分，可分为：①全部或部分埋葬在核设施边界范围内的工程设施中（On-site disposal）；②全部或部分埋葬在它现在位置的地下（In-site disposal）。

埋葬退役按时间来分，可分为①较早埋葬，即关闭后立即进行埋葬；②延迟埋葬，经过一段时间衰变之后，才进行埋葬。

1.3.2.2 三种退役策略的优缺点

与封固埋葬相比，立即拆除和延迟拆除都要求把放射性废物运到场外废物处置场处置，实现核设施场址无限制开放。而封固埋葬则是把核设施全部或部分处置在核设施场地或场址的边界范围内，把放射性污染物和（或）活化产物固定在原来结构体内或封闭在结构体内，存留在原地，实际上是把核设施场址变成了近地表处置场。

三种策略实际上的区别并不明显，一个国家采取的最终策略常常介于这几种策略之间，如部分拆除后安全封存一段时间。三种退役策略的优缺点对比见表1-1。

表 1-1　三种退役策略的优缺点

退役策略	优点	缺点	适用性
立即拆除	可较早利用核场址，场址可较快用于其他活动； 容易得到熟悉设施人员参加退役活动； 减少设施关闭对当地社会可能的影响； 减少将来物价上升的影响； 可以较好地利用现在的辅助设施和设备； 档案资料失散较少	工作人员可能受到较高照射； 废物立即贮存或处置负担大； 可能需要研发适当的机具	后处理厂； 核技术利用设施； 中小型研究堆
延迟拆除	衰变使得放射性水平下降； 封存后拆除工作人员受照剂量低； 需处置的废物量减少； 放射性废物运输所致公众剂量减少； 获得必要退役经费和先进退役技术的时间充裕	在封存期内场址不能用作他用； 以后拆除时，熟悉设施的人员和文档资料可能散失； 辅助系统和支持系统能力减弱或失效； 监管要求、退役费用和废物处置成本可能变动； 需要连续的维护和监护，要有经费保障； 由于物价上升，退役总费用可能升高	核电厂； 生产堆； 大型研究堆
封固埋葬	废物处置成本低； 减少工作人员去污和拆除的受照剂量； 减少废物运输引起的公众照射； 可利用或转化为其他设施的废物处置场	对含有长寿命放射性核素的设施不适用； 需要长期监测和有组织控制的费用； 转变为一个近地表处置设施，需要公众的接受； 场址必须具备处置场的条件，经过监管机构批准才可实施	场址条件满足要求和长寿命核素含量满足要求的地方

1.3.2.3　退役策略选择的考虑因素

营运组织①应制定将作为退役规划依据的退役策略。退役策略应与国家的退役政策和放射性废物管理政策相符。选择退役策略受到多个因素的影响，影响

① 营运组织是申请批准或已被批准从事某些活动或与任何设施或电离辐射源有关的工作和（或）在其从事这些活动或与任何设施或电离辐射源有关的工作时负责核安全、辐射安全、放射性废物安全或运输安全的任何组织或法人。

程度因国家和设施的具体情况而异。退役策略选择需考虑的因素及其良好惯例的特征见表1-2。

表1-2 退役相关因素和良好惯例的特征

序号	退役因素	“良好惯例”特征
1	国家政策和监管框架	遵守国家政策规定； 遵守监管框架要求； 国家政策和监管框架不充分的情况下，遵守国际“良好惯例”
2	策略实施的财政资源/成本	充足的财政资源或财政保障且具有可用的资金机制用于可行的退役策略； 降低直接和间接成本（如所涉及的利益相关者和公众认可）； 评估或对比可行退役策略总成本且根据主要成本因素选择/排除退役策略； 确定一个具有成本效益的退役策略
3	乏燃料和废物管理系统	根据国家政策和策略实施废物管理系统，无国家政策和策略的情况下，根据国际惯例实施； 具有合适的运行废物产生控制计划； 退役中经认可的乏燃料和废物管理系统； 处理和贮存/处置设施适用于乏燃料和所有废物流； 无未整备的废物贮存； 退役期间实施废物产生控制计划； 废物解控路线最佳化； 监管处置的废物流最小化
4	健康，安全和环境（HSE）影响	设施特性： 放射性； 结构完整性； 放射性危害； 工业安全危害。 选择策略过程中已知和考虑的可行退役策略的HSE影响；通过减少工人和公众的照射及环境影响使HSE影响最小化； 所需运输的放射性材料最少化
5	信息管理和人力资源	下列信息是可用的，选择退役策略时应予以考虑： 设施的运行历史，包括相关事故的信息； 所有系统和设备的标识； 服务和设施的完整性； 设施的主要放射性特性； 非放危害和工业危害； 设施源项； 设施的废物存量。 拥有相应的具有资格和经验的人员；

续表

序号	退役因素	“良好惯例”特征
		考虑从其他退役项目所得经验； 永久关闭的原因，如果与初始计划依据（经济、政治、事故等）不一致； 考虑场址其它运行核设施
6	社会影响和利益相关者的参与	与利益相关者讨论可行退役策略的社会影响并以一种透明的方式考虑
7	适用的技术和方法	必要的技术和适用的方法，且适用于所选策略

此外，退役策略选择还受到退役设施类型的影响。对于研究堆，立即拆除通常是优先选择，这样可以充分利用有经验的工人，且可避免员工记忆的丧失。但是，由于缺少资金、国家基础设施和专家，一些国家也采用延迟退役策略。

对于医疗和其他小型设施，尽早拆除是优先选择。这样可以充分发挥掌握之前实验室活动信息的人员作用，可以尽早重新利用场址，尤其是位于郊区的医院和大学。

燃料循环和研究设施涵盖多种类型的场址和从事各种处理的设施，对化学物质和放射性核素的应用较为广泛。涉及的放射性核素中许多是长寿命核素，废物在处置前可能需要进行处理，因此优先选择延迟退役策略。这样便有时间建立新的处置设施。然而，对于一些小型的研究设施来说，若可用资源充分，尽早拆除则是优先选择策略。

退役策略选择还可能会受到场址未来利用情况的影响，例如：

1）若营运者缺少建造新厂房建筑物的场址，可能会重新利用退役场址。这种情况下，应选择立即拆除策略。

2）如果在同一个核场址内拥有几个核设施，最好的策略是延迟退役最老旧的设施，直到其他现有设施接近永久关闭，这样可确保设施的安全。

重新利用场址可能会考虑重新利用场址内一些设施，如冷却水设备、一些工艺系统。

1.4 核设施退役监管

1.4.1 退役监管机构

监管机构是国家指定的国家权力机关或权力系统，在技术或其他顾问团体的协助下，负责许可证申请的审批和颁发，对核设施的选址、设计、建造、调试、运行、停闭和退役等有关方面实施管理。一般来说，国家为管理核设施运行而建立的监管机构也负责管理核设施退役活动。监管机构在其他政府部门和机构的配合下，负责实施与退役活动有关的立法和管理工作。基本责任就是在退役中对卫生、安全和环境保护承担全面的政府管理职能。制定有关退役（包括管理所产生的放射性废物）的安全标准和要求，并开展活动，确保达到监管要求。

监管机构的责任包括：制定贯彻国家退役政策和法规所需要的规程和导则；以授权活动的终止为前提，为确定何时永久关闭设施或设施的一部分制定标准；制定设施退役的安全和环境标准，包括退役期间的材料解控标准以及关于退役终态和解除控制的条件；制定有关退役规划的要求；审查初步退役计划，以及在允许开始实施退役计划前审查和批准最终退役计划；如果需要，负责颁发核设施退役许可证，并保证符合有关的法规和要求（这些许可是采用批准书，还是采用带有约束条件的正式许可证，随着形式的不同而内容有所不同）；对退役活动进行视察和审查，并在安全要求未得到遵守的情况下采取执法行动；制定收集和保存退役相关记录与报告的政策和要求；对退役设施的终态进行评价，并确定允许终止实践和（或）解除监管控制的条件是否得到满足，或决定是否有必要实施进一步的活动或控制；在计划批准前让利益相关者有机会提出意见。

1.4.2 退役监管责任

一个国家的核监管框架应该包括关于核设施退役的规定。国家监管部门应该对退役核设施和场址解除监管提供放射学准则方面的指导，应该确保有一个完备的系统，对解除监管进行正确管理。

在缺少有关退役的规定的情况下，退役活动应该在现有的运行设施的规定下根据具体情况实施。在此类情况下，运营单位在制订和实施退役计划时应该向监管机构咨询。在退役计划中，应该要求运营单位论证将如何遵守相关规定。

退役的监管可以用一个总的许可证、分开的几个许可证或者由监管机构直接控制等方式来进行，视在该情况下何者最适宜而定。在监管基础结构的范围内，监管机构应该审查并在恰当的时候批准所选定的退役方案、退役计划、质量保证大纲以及其他一些与核设施退役有关的建议。而且，运营单位应该按照监管机制（例如许可证）中的规定，按期向监管机构报告任何与安全有关的信息（如监测数据、放射性调查）。在发生异常事件时，运营单位应该及时上报对此类事件进行安全评价所需的数据。

对于退役监管程序，包括法规和导则的制定，各国之间差异很大。退役的监管程序主要受下述因素的影响：①国家的立法和法律体系；②不同的政府机构和部门间行政权以及司法权的分配；③核工业的所有制、组织和结构（在一些国家，核设施的所有权属于国家或国家机构，而在另一些国家，则属于地方公用事业公司或私营公司）；④监管机构拥有的技术人员和财政来源；⑤根据运行许可证的规定，终止运行后可能立即采取的措施（如使核设施进入最终停闭状态，从现场移走乏燃料，处置所有积累的放射性废物，设施、部件的初步去污等）。

1.5 核设施退役计划

1.5.1 退役计划相关要求

退役计划是载有建议某设施退役的详细资料的文件。对于核设施而言，退役是继选址、设计、建造、调试和运行之后的最终阶段。退役是一个复杂的过程，涉及详细的调查、场址设备和设施的去污和拆除、建筑物和结构的拆毁、退役废物和材料的管理等，同时还需考虑工人和公众的健康和环境安全。退役的成功取决于缜密和有组织地规划。除非监管机构另有要求，营运者（许可证持有者）必须制定和维护与该设施的类型与状况相符的退役计划。必须在该设施的设计阶段就制订最初的退役计划。计划的范围、内容和必要的详细程度可能因核设施复杂性和潜在危害的不同而有所变化，它们应符合国家条例规定。

退役计划包括三个阶段：初始阶段、中间阶段和最终阶段。对于某座设施，详细程度将从退役计划的初期到终期不断增加。通过这个规划过程，将产生退役计划。

（1）初始计划

营运者必须准备概述整个退役过程的初始退役计划，该计划应由营运者提交监管机构，以支持该设施调试和/或运行许可证的申请。该计划：

1）应该考虑基本安全问题；

2）应该支持可以利用已证明的方法或正在开发的方法安全实施退役这一事实；

3）应该包括表明退役可行性的一般研究；

4）应该包括诸如废物和放射性废水的管理等退役的环境问题的考虑；

5）应该涉及退役工作的费用和退役筹资的方式。

退役期间将使用的现有设施和设备应该在初始计划中及早确定。这样就能采取必要的步骤，确保设备在需要时可供使用。如果该设施与不准备同时退役的其他设施放置在一起，那么应该分析这些设施之间的相互关系。在许多场合，辅助系统（废物加工、原水、通风）可支持所有厂内设施，并且可能途经将退役的设施。由于可能需要变更这些系统的路径，这将使规划复杂化。

（2）中间调整的计划

核设施运行期间，必须定期审查和更新初始退役计划，并且应该在以下方面做得更全面：

1）退役的技术开发；

2）可能的异常事件；

3）对影响退役计划的系统和结构做出的重大修改；

4）条例修正和政府政策的改变；

5）费用概算和退役准备金。

（3）最终计划

在一座设施最终关闭以前，营运者应该着手退役的详细研究，并最终确定退役的建议。营运者必须将申请连同建议的最终退役计划提交监管机构审查和批准。如果在制定适当的退役计划之前设施已关闭，就应该立即完成并提交计划以获得监管机构批准。图 1-1 为典型退役项目的流程。

随着退役的进行，由于无法预料的事件及其他因素，可能要对退役程序进行修改。这些修改可能需要对退役计划进行改变，应该系统地考虑这些变化。这些变化可能需要监管机构的进一步批准。原则上，营运者应该适当考虑早先退役的经验。

退役可以是一个时间段或几个时间段分隔开的操作序列（即分阶段退役）。有些时间段（即各退役阶段）可以是非能动的安全封闭。在多阶段退役的情况下，营运者应该向监管机构提交下述内容的说明：

1）对建筑物、构筑物和安全相关运行系统提出的监视和维护计划；

2）使该设施处于适当控制之下所需要的现有的或新的系统或计划，如专设屏障、通风、排水和环境/安全监测；

3）为实施暂缓拆卸而安装或更换的系统；

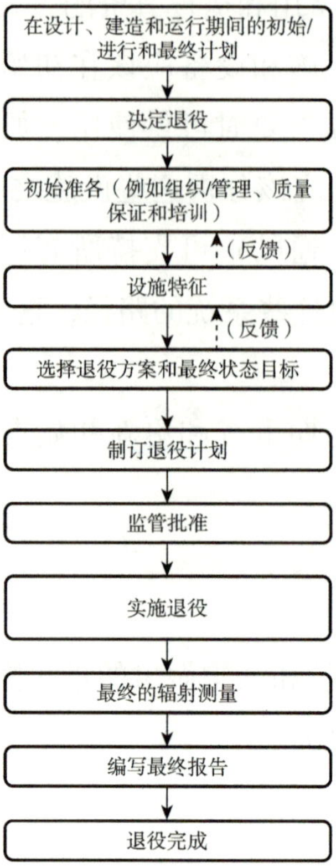

图 1-1　一个典型退役项目的流程

4）审查以上各项的频度；

5）在任何暂缓时期内所需要的工作人员数量和他们的资格。

1.5.2　退役计划的主要内容

经验表明，如果对退役所涉及的行动和活动进行正确计划并实施，就可以在对工作人员、公众或环境不产生过度风险即放射性影响的条件下，完成设施退役和所产生放射性材料的管理。在核设施整个寿期内所做的计划和准备工作能够使退役更为方便。这些行动的意图是减少在退役期间进行的主动过程和被动过程中可能发生的最终的职业影响和环境影响。

在设计阶段和运行阶段就应该考虑退役。军工核设施在设计、建造和运行阶段对退役几乎没有考虑。很多（民用）核动力厂和研究堆已经运行多年，而在设计阶段可能没有考虑退役。应该认识到，应尽可能早地制订退役计划。

对于大型核场址的退役，由于场址有多个核设施，要对各设施的相互关系对整个场址的退役的影响进行考虑，需要对场址的所有核设施的退役进行系统规划。

对于涉及小规模核应用的设施，退役计划应该比较简单并且为拟采用的退役策略提供合理而充分的理由。退役活动应该包括设施特征、设备拆卸、把材料和辐射源从设施移到适当场所、辐射监测、质量保证、最终的辐射测量和文件编制。

营运组织必须制定退役计划，并且必须在设施的整个寿期内保持该计划，除非监管机构另行核准，以表明可以安全地和以符合规定终态的方式完成退役。

对于新设施，退役计划必须在设计阶段即开始。必须按照监管要求，针对技术进步引起的变化，退役活动需求的改变和国家政策的变更，对退役计划进行更新。包括维护、定期测试和检查、修改和实验在内的设施所有运行活动都必须以有助于其最终退役的方式进行。

就一些现有核燃料循环设施而言，在设计时并未考虑其最终退役的需要。对于这类设施，必须制定退役计划，以确保整个退役过程的安全。退役计划必须由安全委员会进行审查，并必须在开始退役活动之前将退役计划提交监管机构审查。必须不断更新设施文件，并且必须对设施维护或修改期间操作受污染物项或受辐照物项的经验资料进行记录，以促进退役计划的制订。

退役计划必须包括对适合于有关设施并符合监管机构要求的一项或多项退役方案进行评价。

在制订退役计划时，必须审查有助于退役的设施设计各个方面。此外，还必须审查对退役具有重要性的设施运行的所有方面。退役计划必须包括导致最终完成达到能够在最低限度监视或无监视情况下确保安全程度的退役的所有步骤。这些阶段可以包括贮存和监视、限制场址使用以及不受限制的场址使用。

退役计划必须包括评定退役活动对安全的影响（如去污、大型设备的切割和操作以及一些系统的移除），并且必须制订措施处理因这些活动可能产生的任何新危害。

退役计划必须考虑废物处置前管理（处理、贮存和运输）和退役期间产生的废物的处置。必须预先制定有关需要贮存和最终处置的辐照设备和实验装置的操作、拆卸和处置的程序。如果有关设备已经建造而这些程序尚未落实，则必须尽早制定这些程序。

退役计划必须包括退役阶段的员额配备要求以及参与退役作业的人员培训

和资格认证。

设施营运组织的职责必须仅在监管机构核准后方告终止。

必须评定在关闭运行和退役之间的过渡阶段（如有）的活动对安全的影响并且必须对其加以管理，以避免产生不适当的危害并确保设施和场址的安全。在更新退役计划时必须考虑设施在此阶段所发生的任何情况。必须评定退役前延期关闭或退役时间表延期中断的安全影响。

必须在退役计划中制定措施，以确保退役作业期间的临界安全，包括在适用情况下确保在拆除以几何形状控制临界的设备时的次临界。在实施退役行动包括拆除用于处理易裂变材料的设备（如容器、手套箱）的过程中，必须实施旨在确保维持临界控制的程序。对于退役所致受易裂变材料污染的废物（包括手套箱及其内容物的拆除产生的废物）的临时贮存，必须确保临界安全。

核设施退役不管采取什么策略，实施过程中都会分成若干阶段，至少可分为：①前期阶段；②实施阶段；③验收阶段。退役活动应该准备充分、措施落实、严格管控、监督到位。退役方案和计划是退役工程安全、经济、高效完成的保证。

完成核设施的退役是营运者的责任，营运者应依据相关的法律、法规和标准编制退役方案和计划，经过审管部门批准之后实施。退役方案和计划应明确规定退役目标（总目标和阶段目标）、退役程序、时间进度、预计的废物量、工作人员受照剂量和费用估算等。制定退役方案和计划应该收集、调查和研究以下问题：

（1）核设施类型和放射性水平；

（2）退役策略和阶段目标；

（3）依据策略和阶段目标；

（4）核设施运行历史、现状状态和周围环境状况，包括发生的事故/事件和处理情况；

（5）设计图纸资料，维修和改造情况；

（6）现有设备条件的可利用状况，包括水、电、风、暖、气和废物处理设备、吊运设备等可用性；

（7）存在的放射性和非放射性物质的危害，包括他们的类别、数量和状态等；

(8) 临界安全、辐射安全和工业安全;
(9) 去污、切割、拆卸技术的可得性与可选择性;
(10) 废物处理、整备、贮存、运输方法和处置条件;
(11) 监测分析的技术和设备;
(12) 组织机构建立、职责分工、人员资质与培训;
(13) 退役时间进度要求;
(14) 建筑物和场址的使用考虑;
(15) 费用估算和筹资方式;
(16) 公众的反应和态度。

退役工程立项通常要求编写多种文件,如可行性研究报告、安全分析报告、环境影响评价报告和质量保证大纲等。这些报告的齐备程度和编写深度,随项目性质和大小而异,由审管部门确定。

1.6 核设施退役组织

1.6.1 退役的组织机构

1.6.1.1 基本要求

国际原子能机构规定,在退役计划中应该描述退役期间采用的组织机构,不同单位之间的权限和职责应该有明确的界定,当营运单位使用外部承包商时尤其需要这样做。组织机构应该确保质量保证审查的职能独立于直接负责完成退役活动的单位。

设施运行阶段形成的行政管理措施可能在退役期间仍然有用。应该审查和修改这些措施,以确保它们适用于退役。同时应该考虑需要增加一些措施。有些行政管理措施可能需要得到监管机构认可。

应该由退役专家和合适的现场人员组成一个小组来管理退役项目。虽然退役阶段可能需要新的资格,但仍应注意保留熟悉该设施运行阶段情况的关键人员。在退役延迟的情况下,在设施最终关闭前,应该将设施有关人员积累的设施历史知识形成文件。这些信息应该可供退役工作人员在包括规划、去污和拆除阶段在内的所有阶段使用。

应对退役所需的技能进行评价,并应确定对每一岗位工作人员资格的最低要求。应确保在退役过程期间负责从事某项活动的人员具备必要的技能、专门知识并接受过培训，从而安全地完成退役过程。

虽然允许将具体任务的实施委托承包商，但安全的最终责任仍应属于营运组织。退役管理应确保对承包商的工作进行适当控制，以便能够安全地进行有关工作。如果在设施寿期内营运组织出现变更，应执行有关程序，以确保设施安全和放射性物质控制责任的移交。

退役项目的管理和实施由许可证持有者负责，许可证持有者任命一名退役项目经理（DPM），代表许可证持有者主管退役项目的计划和管理的具体方面。DPM 选择并招聘退役管理团队，分配具体职责给组织内的每个小组。DPM 将执行分配所有或部分退役项目（任务）给外部组织的策略。对退役团队的基本要求相同，与谁来实施操作无关。

退役管理团队成功实施和完成设施退役所需的功能组织结构如图 1-2 和图 1-3所示。图 1-2 所示为许可证持有者利用内部资源实施大部分退役的管理团队，图 1-3 所示为许可证持有者雇用外部组织实施大部分退役工作的管理团队，许可证持有者对活动进行监管和检验。两种情况下，许可证持有者都对项目全权负责，保证符合所有监管机构的要求。

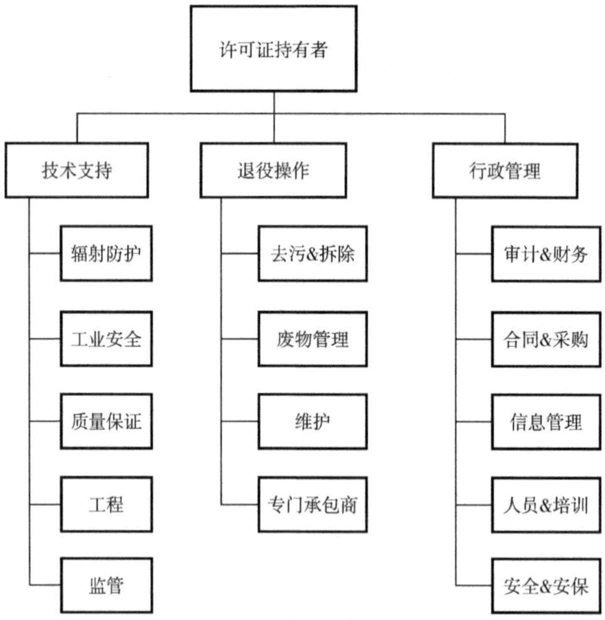

图 1-2　许可证持有者实施退役的组织图

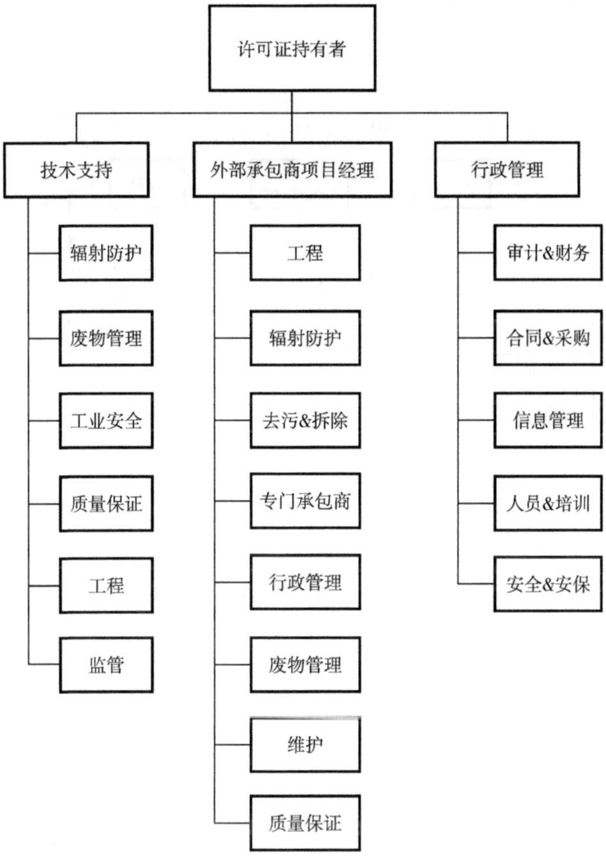

图 1-3 许可证持有者雇用外部承包商实施退役的组织图

1.6.1.2 组织形式

为了理解退役项目如何组织，了解国家级和地方级之间的不同关系和组织方面十分重要，这些因素将影响项目本身、项目结构和项目组织。

以比利时为例，国家级的组织机构如图 1-4 所示。以比利时 BR3 反应堆退役为例，退役场址组织结构如图 1-5 所示，该组织结构非常具有代表性。退役团队的组织结构如图 1-6 所示，主要有三个团队，职责包括：去污、废物管理和研发；拆除操作；支持性活动，厂房和设备的特性调查和维护。拆除操作团队组织结构如图 1-7 所示，该组织结构可以确保良好的工作协调。拆除项目被划分为任务，每个任务又划分为子任务。每个子任务都分为三个阶段：准备、工作实施和废物处理。

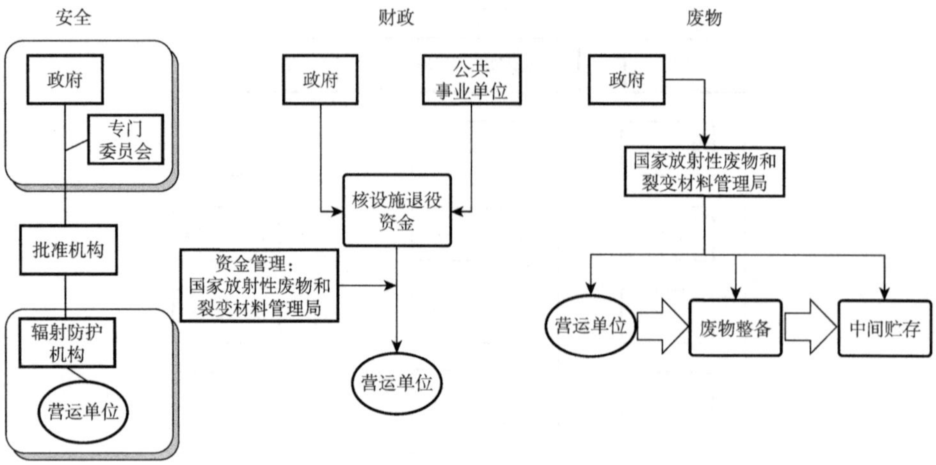

图 1-4　(简化的) 国家级组织结构

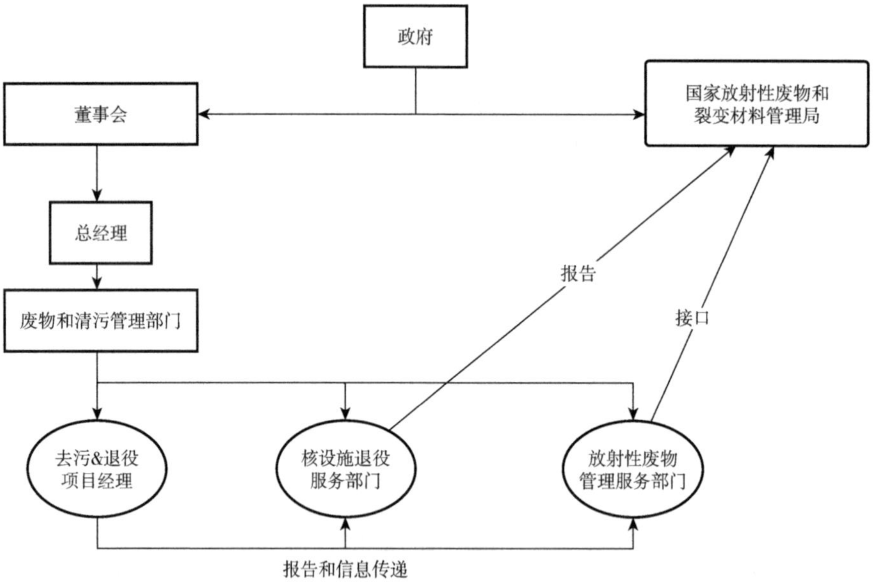

图 1-5　(简化的) 场址级组织结构图

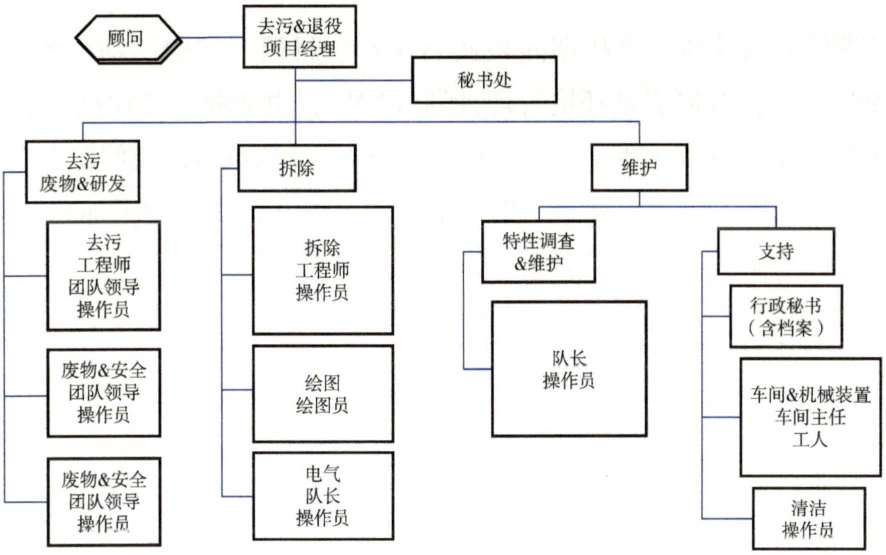

图 1-6 BR3 反应堆去污和退役团队组织结构图

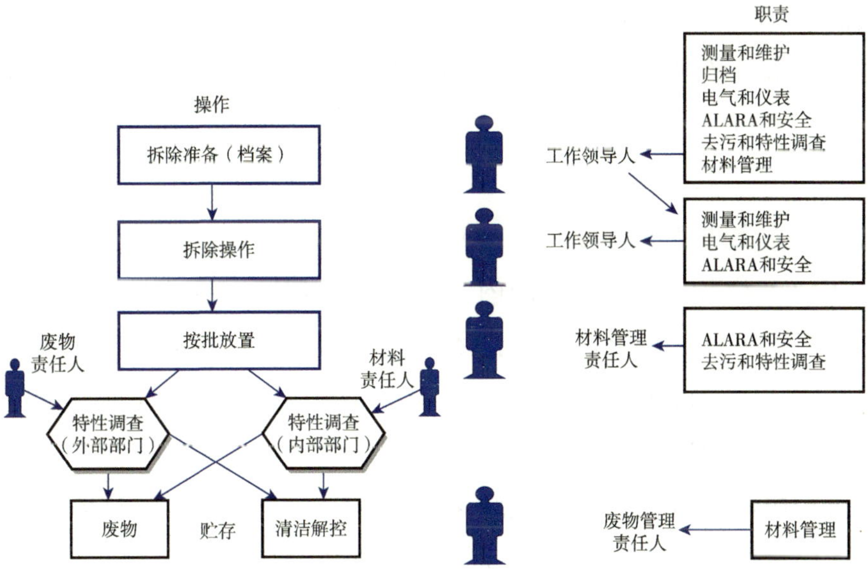

图 1-7 拆除操作组织结构图

1.6.2 大型退役任务的组织

1.6.2.1 美国环境管理计划

为处理曼哈顿计划和冷战期间核武器生产、科研、试验活动产生的污染和废物，1989 年美国政府启动环境管理计划（EM），由能源部（DOE）负责。EM 的主要使命是降低 DOE 场址内污染和废物（称为“遗留活动或问题”）对人类健康和环境的威胁，包括与核武器生产相关的污染和废物。为了加速清污活动，DOE 于 1998 年制定了“加速清污：关闭路线”。

EM 项目管理通过 11 个运行/场址办公室来实现，每个运行/场址办公室负责一个或几个场址的清污活动。

EM 项目主要由六个阶段组成：

1）计划，制订初始项目计划；

2）研究，评估项目特性和可选方案；

3）建议，确定一种最佳方法；

4）决定，做出正式决策；

5）实施，执行实际工作；

6）监测，项目实施期间，持续监测。

上述项目阶段的名称在不同的法规中可能不同。例如，在《综合环境响应、赔偿和责任法》（CERCLA）中，研究阶段称为治理调查；在《资源保护和回收法》（RCRA）中，称为 RCRA 设施调查。但从概念角度来讲，不同法规下的项目研究阶段相互之间是相似的。

在 CERCLA 和 RCRA 管辖范围内，环保局（EPA）或州环境监管机构是清污活动的最终决策者。在场址级别，环境管理计划需就执行研究的范围和时间安排与州和联邦监管机构进行协商。EM 计划需就建议的行动过程与州和联邦监管机构协商，并在做出决策后就行动的范围及其实施、监测的时间安排与州和联邦监管机构协商。若在国家环境政策法（NEPA）范围内实施环境管理，EM 需根据环境质量委员会的规章和部门自身的 NEPA 规定进行决策。

美国能源部场址的清污工作通过大量的各类承包商完成。美国能源部通过公开招标选择退役操作承包方执行清污（退役）工作。DOE 及运行办公室对项目进行管理，而退役现场工作及管理由退役操作承包方执行。通常，许可证持有者的职责包括：项目全面管理、安全、场地许可、质量保证、工人和公众健康、公共关系、环境保护、费用估算和计划安排、监控和维护以及采购过程。退役操作承包方负责为履行合同提供项目经理、项目经理助理、项目工程师、废物管理（保证和处理）人员、放射和保健物理技术人员以及完成工作的其他各类员工。退役操作承包方还应准备详细的流程来控制工作并提交给所有者审核。

1.6.2.2 英国遗留核设施退役

根据2004年《能源法案》，英国政府于2005年4月1日成立核退役管理局（NDA），负责英国历史遗留核设施的清污计划。NDA为非政府公共机构，退役和清污经费来自政府财政预算和场址上仍在开展的商业活动。

自成立起至2016年，为推进场址退役和清污工作，NDA针对7个场址许可证公司（SLC）采取母体组织（PBO）管理模式。NDA是场址、资产和退役责任的永久所有者，以合同的形式将其场址的营运和退役承包给SLC。SLC负责一个或多个核场址的安全运行，持有核场址许可证和放射性废物处置特许证或授权，依法对场址的安全、安保和环境绩效负责。SLC为NDA通过竞争程序选出的PBO所有，PBO通过人员借调、咨询等方式管理SLC，确保按照与NDA签订的合同提供专业知识、创新和变革，优化场址退役任务。

2016年以后，以塞拉菲尔德场址为开端，NDA取消SLC和PBO管理模式，开始以直属子公司的方式直接管理场址退役和清污工作。

参考文献

[1] International Atomic Energy Agency. Organization and Management for Decommissioning of Large Nuclear Facilities[R]. IAEA Technical Reports Series No.399, IAEA, Vienna,2000.

[2] International Atomic Energy Agency, Selection of Decommissioning Strategies: Issues and Factors [R]. IAEA-TECDOC-1478, Vienna (2005).

[3] IAEA, Decommissioning of Small Medical, Industrial and Research Facilities [R]. Technical Reports Series No.414, Vienna, 2003.

[4] International Atomic Energy Agency, Decommissioning Strategies for Facilities Using Radioactive Material[R]. IAEA Safety Reports Series No. 50, IAEA, Vienna (2007).

[5] IAEA, Nuclear Power Reactors in the World[R]. Reference Data Series No.2, Vienna, 2023.

[6] IAEA, Decommissioning of Facilities Using Radioative Material:Safety Standards Series No.WS-R-5 [S]. 2006.

[7] International Atomic Energy Agency, Selection of Decommissioning Strategies: Issues and Factors [R]. IAEA-TECDOC-1478, Vienna (2005).

[8] International Atomic Energy Agency, Decommissioning Strategies for Facilities Using Radioactive Material[R]. IAEA Safety Reports Series No. 50, IAEA, Vienna (2007).

[9] International Atomic Energy Agency, Policies and Strategies for the Decommissioning of Nuclear and Radiological Facilities[R]. IAEA Nuclear Energy Series No. NW-G-2.1, IAEA, Vienna (2011).

[10] US Department of Energy, Acceleration Cleanup: Paths to Closure Hanford Site, DOE/RL-97-57[R]. Richland, Washington, June 1998.

[11] US Department of Energy, Accelerating Cleanup: Path to Closure[R]. DOE/EM-0362, June 1998.

第 2 章　核设施退役废物管理

2.1　废物管理路线

2.1.1　退役策略对废物管理路线的影响

退役策略会对废物管理路线产生重大影响。如果采取立即退役策略，以便在短时间内解除许可并解控场址，则应尽快将废物运离场址直接处置，或运到外部处理或暂存设施。对于采取延迟退役策略的情况，如果场址上有包括暂存设施在内的废物处理设施则会非常有利，以便废物进行衰变。

决定是将退役活动外包，还是由设施运行人员承担，也会对废物管理路线产生重大影响。如果打算尽可能利用运行人员进行退役，那么就应该在场址上建立废物处理能力，由现有人员组成废物处理组织。如果将废物管理外包，将废物运至其他外部许可场址也大有好处。对于大多数退役项目而言，通常会将场址内和场址外两种废物管理方式结合起来。

在监管制度允许的情况下，将有条件解控的废物直接处置在许可的填埋场或常规垃圾填埋场可能是一个替代解决方案。对于极低放废物和可能受污染的废物而言，在退役场址上建造许可的填埋设施可能是有吸引力的解决方案。由于这种填埋场的费用通常很低，对于处置建筑混凝土是非常好的选择。

鉴于再循环作为一种废物管理选择（尤其是对常规材料）正在快速发展，再加上再循环材料的价格不断上涨，处置和材料再循环这两种选择的总费用差别会非常小。

2.1.2　废物存量对废物管理路线的影响

废物存量，特别是废物总量，可能会对废物管理路线产生很大影响。受污染或可能受污染的废物量越大，退役预算中分配给废物管理的比例就越高。

核素成分可能会影响废物管理路线的选择。例如，近地表处置库（填埋场）可能对长寿命核素有严格限制。受铯和 α 污染的钢材可以通过热处理完全去污，这使得金属的解控成为一种具有吸引力的方式。

物理参数也可能影响废物管理路线。受表面污染的物体可以在场址上或外部专门设施进行去污，条件是表面可以进行去污和清洁解控测量。鉴于大型物体可能需要进行大量的分割才能装入经批准的处置容器，因此去污后解控或去污后整体处置是优先选项。

化学和有机物质与放射性污染结合在一起，可能会极大地缩小可利用的废物管理路线。在某些情况下，必须对废物进行处理，才能将其作为放射性废物进行处置。含有生物成分的废物的处理可能会面临与含有受管制化学物质的废物相同的困难。

2.1.3 材料/废物管理路线选项

2.1.3.1 直接处置

拆除后的废物处置只需要对废物分割，以便装入废物容器，并对废物包装进行整备。在大多数情况下，这是最简单的废物管理方法之一，因为无需去污或减容处理。唯一的目标是使废物符合处置条件，即符合特定的废物接收标准。这些标准因国家而异，也因国家内部的废物类别和处置库而异。

这种废物管理路线的主要优点是操作简单，无需进行废物处理，主要缺点是需要处置的废物量较大，对处置成本低、没有解控和回收监管要求的国家很有吸引力。

2.1.3.2 设施内的废物处理中心

在即将退役的设施内（例如在沸水堆涡轮大厅内）建立一个就地废物处理中心是一种低投资的方案。图 2-1 为在废物产生位置就近开展切割作业。这种路线的主要挑战是如何按照退役时间进度完成废物处理中心的建设。

这类废物处理中心的设计要求取决于废物管理策略、外部处理设施的可使用情况、可用的处置空间、处置大型组件的可能性以及相关费用。典型的装置包括冷切割设备、机械去污装置、解控测量和放射性分析设备，以及处置废物包的整备装置。

这种废物管理路线的主要优点是利用现有建筑，主要缺点是拆除项目开始时废物处理中心无法投入运行，项目结束时废物中心无法再继续利用。这种废物处理方式对打算自行开展退役活动的组织很有吸引力。

图 2-1 在废物产生位置就近切割

2.1.3.3 设施外场址上的废物处理中心

在退役设施外部、场址上建造新的废物处理中心是一个费用昂贵但颇具吸引力的替代方案，重要优势之一是对拆除过程的影响较小。这类设施应获得许可，并在完成服务后退役。大多数情况下，专门建造的废物处理中心的设备与建在退役设施内的废物处理中心的设备类似，但前者可能包括热切割设备。这类废物处理设施可以是永久固定的，也可以是模块化的。模块化设施的优势在于，当项目结束时，可以将其移动到另一个场址再次使用。

这种废物管理路线的主要优点是设施的建造不会影响退役时间进度，主要缺点是需要对新设施进行投资并发放许可证。这种废物处理方式对于场址上有多个设施退役的许可证持有者来说很有吸引力。

2.1.3.4 外部处理和整备

在大多数国家，可以将放射性废物运往专门的外部废物处理设施。这些设施既可以由多个运行设施（例如反应堆）的营运者联合运行，也可以是国家计划的一部分，还可以由外部商业服务供应商拥有。

通过将废物运往另一地点的专用设施进行处理，可以将部分退役工作从场址上转移，使现场工作人员能够集中精力完成主要任务。在许多情况下，这一方案将大大减少废物处置量。不过，在考虑到风险降低、无需就地处理和贮存（包括人员培训）以及与此方案相关的废物处置量减少的同时，也应考虑到，由于包括运输费用和服务供应商的费用，这种方案总的直接费用可能高于就地处理。

2.1.3.5 移动式废物处理设施

对于某些需要在规定时限内开展的退役工作，例如反应堆内部构件的拆除，相关废物流可能有必要采用移动式废物处理设施（图 2-2）在退役现场就地处理，而不是将废物转移到外部废物处理设施。这尤其适用于从技术或监管角度被视为问题废物的废物，或运输成本非常高的废物，例如中放树脂和体积较大的废物流。移动式废物处理设施处理废物的重点应放在处理所需的设备易于运输和安装的废物流上，例如受污染和可能受污染的混凝土，必须对其进行粉碎和解控测量。

这种废物管理路线的主要优点是设备成本可以得到分摊，且无需运输未经处理的废物；主要缺点是要根据退役进度计划预订设施，可能需要提前很长时间预订。

图 2-2　Mercure 移动式离子交换树脂处理装置

2.1.4 废物处理策略选项

放射性废物管理的一个重要决定是在场址设施和外部设施之间的选择。一个在多个场址拥有多个核电机组/设施的公司可能会决定建设集中废物处理设施，还可能包括特定机组/设施的临时贮存设施和最终处置库。这种方法的优势在于规模经济带来的潜在成本节约以及由于重复相同的活动使得风险降低。

决策过程中应考虑现有的建筑和设施。一方面，需要考虑合理和高效地装卸和处理废物所需的设备和组织方面投资。另一方面，必须将废物从退役场址运到外部场址，如果需要，还必须将经过处理的废物包运回原场址，这可能会产生大量费用。

表 2-1 基于以下假设：就地和集中处理设施都需要建造，而商业设施则通过第三方获得或由第三方提供。

表 2-1 场址内和场址外处理设施的比较

就地处理	集中设施	商业设施
需要投资，现有建筑、设施和设备可一定程度上加以利用	共享投资和负债	无需投资，服务由外部公司提供，包含在处理费中
退役场址设备投资	可以采用类型更多的处理工艺	服务供应商提供针对性的废物处理工艺
效率可能较低	废物处理能力的利用率高；股东间要保持良好的协作关系	对于服务供应商来说，废物处理能力的利用率可能是一个问题
处理前不进行场外运输	处理前需要外部运输	处理前需要外部运输
不受外部影响	取决于其他业主/股东的需求	合同条款
利用现有基础设施	投资新的基础设施	利用现有基础设施
已获得许可的区域	为新设施/新场址发放许可证	已获得许可的区域
需要场址暂存设施	不符合接收标准的废物被送往原场址或暂存设施，需要额外运输	不符合接收标准的废物被送往原场址或暂存设施，需要额外运输
退役项目的一部分，列为退役负债	既是长期资产又是负债的独立设施	由服务供应商拥有和运营的设施，对客户而言既不是负债也不是资产
基于成本	由股东商定	商业价格

2.1.5 材料终态

2.1.5.1 解控

解控有三种类型：一般解控（无限制解控）；有限制解控；解控后在核行业内部再利用或再循环。解控的目的可以是再利用、再循环或作为常规或危险废物进行处置。

一般解控适用于已脱离监管控制的材料，对其今后的使用没有限制。IAEA

出版物《排除、豁免和解控概念的应用》（RS-G-1.7）对一般解控和相关解控水平的框架提出了建议。大多数国家也有关于解控的国家条例，通常以 IAEA 的建议为基础并与之保持一致。一般解控通常用于潜在或轻微污染的物体。在大量材料进行一般解控时，建议采用分级方法进行验证测量。

根据特定条件进行有限制解控的废物可能是金属，将被回收到金属行业；可能是混凝土和沙子，将被回收用于道路建设；也可能是废物，将被处置在危险废物处置场或退役场址。这类解控通常要求满足法规中规定的某些条件，或从监管机构获得特别许可。有限制解控的一个具体例子是来自核许可金属处理设施的金属锭。这些金属锭在有限制解控后，与其他金属一起熔化，形成可用于公共领域的产品。

2.1.5.2 作为放射性废物处置

放射性废物处置库的总体目标是将其隔离足够长的时间，使放射性衰减到被认为安全的水平。对于某些废物来说，几代人的时间就足够了，有些废物则需要隔离数千年。

世界范围内已开发出几种不同类型的处置库，如地表处置库、近地表处置库（见图 2-3）和深地质处置库。这些类型的处置库考虑到了要处置的放射性废物的特性、潜在处置场址的性质以及适用于该场址的法律。处置库可能是就地的（在场址上），或由商业服务运营商提供，或属于国家计划的一部分。处置应被视为一种稀有资源，只有在万不得已时才会考虑。

图 2-3　瑞典短寿命放射性废物最终处置库（SFR），接收核电厂运行废物及医疗和研究废物；右侧为现有设施，左侧前景为计划扩建的设施

2.1.6 材料终态对退役材料管理的影响

对退役材料和废物进行管理的目的是使整个退役项目尽可能具有成本效益，同时遵守法律法规并满足利益相关者的期望。

材料和废物的终态包括不同的解控水平和在各种放射性废物处置库处置。确定材料终态及其标准将避免或至少减少废物不符合废物接收标准的风险。不符合接收标准的废物可能需要进行耗时和昂贵的再次整备。

确定的材料终态将对废物管理提出某些要求。例如，一些国家没有低中放废物的最终处置库，可能需要在场址内或场址外进行长期暂存。对于所有终态选项，任何处理都不得产生没有解控或处置途径的废物形式。

2.1.6.1 解控后再循环

废物解控后进行再循环的废物管理路线，目标是废物材料应符合适当的标准。在处理方面，可能需要在放射性评价前进行分离、分割和去污。此外，退役组织可能需要证明不超过某些有害物质的规定限值。

至关重要的是，利益相关者必须全面参与，再循环行业必须对解控过程有信心。虽然放射性物质进入公共领域的风险极低，但解控过程必须可靠、彻底。

2.1.6.2 解控后处置

目标是同时满足解控标准和在常规、工业或危险填埋场处置的具体接收标准，所需的处理可能与再循环类似，可能需要进行论证，以保证不超过有害物质的规定限值。

处置公司必须对解控过程的可靠性有信心，而且必须得到利益相关方的全面支持。

2.1.6.3 在近地表处置库中处置

目标是证明废物应符合处置接收标准。可能需要进行处理和整备，以降低废物的放射性，使其能够重新分类，从而降低处置成本。

同时，应进行全面分析，因为减少废物类型也会产生大量处理费用，并产生高放射性去污废物。此外，可能还需要证明未超过某些有害物质的限值。

2.1.6.4 深地质处置库处置

目标是证明符合处置的接收标准。此外，还可能要求退役组织证明不超过有害物质、金属（如铝、镀锌钢）和有机物的规定限值。

在地质处置库中进行处置通常是成本最高的选择，需要长期规划，而且在大多数情况下需要核营运商对国家倡议进行战略投资。在深地质处置库处置的成本（不包括处置库本身的成本）通常等于或低于为解控而进行处理的成本，除非备用处理能力被视为战略资产。

2.1.7 路线选择及废物处理和处置成本

不同废物单位体积的处理和处置成本要素，包括管理、整备和运输成本，是评估不同废物管理路线的重要参数。这些成本也可能对整个退役计划产生影响。

较低的极低放废物处置成本可能有利于不经处理的处置，因为将所有极低放废物和所有可能受污染的废物都视为极低放废物的成本可能要低得多。另一方面，如果监管制度规定要尽量减少废物，或者如果处置成本较高，则倾向于投资先进的废物处理中心和/或与外部处理设施达成协议。如果处置极低放废物与处理低放废物的成本相差很大，则倾向于在处置前进行处理，将低放废物重新分类为极低放废物。如果废物处理涉及长途运输，尤其是在复杂的监管环境下，投资则会因此转向就地废物处理解决方案。

2.2 废物处理和处置

2.2.1 退役策略对材料终态的影响

所选择的退役策略和相关计划进度对产生的放射性废物处置量有重大影响。场址终态有不同的方案。图 2-4 说明在退役过程中所做的决定（场址实现无限制或有限制解控）对产生的放射性废物量和材料终态的影响。

第一项决定是退役后场址的终态。根据场址的终态，放射性废物的数量可以是所有材料的总量，也可以是仅有的少量材料。例如，在埋葬的情况下，未受污染的建筑结构与放射性材料的处理方式相同。

如果终态目标是无限制或有限制的场址解控，下一步就是分析重新利用或回收部分材料的方案。优化材料的再利用和回收路线，可以最大限度地减少放射性废物存量，保护自然资源，减少对环境的影响。对于无法再利用或回收的材料，必须进一步分析，以确定是否可以减容。如果无法减容，该材料将被归类为放射性废物。必须对要再利用或回收的材料进行污染测量。根据具体要求，受污染的材料可在减容系统中进行处理，可以通过表面去污或其他处理方法，例如焚烧、压实或熔化，实现放射性物质的减容。由此产生的浓缩放射性物质将被归类为放射性废物。然后，将对去污后的材料以及待再利用或回收的材料进行测量，以便无限制解控，或者在无法解控的情况下，将其作为极低放废物。退役期间各种决策过程的目的是尽量减少被归类为放射性废物的材料数量，以降低长期贮存和处置的成本。

现有和预期的材料类型都要有详细的存量说明。不仅要考虑运行结束时的存量，还要考虑所选退役策略将如何影响该存量。立即退役还是延迟退役的决定将直接影响放射性废物的数量和类型。

1）延迟退役，会因衰变降低退役产生的放射性废物的活度水平，并可能允许更多的人工（而不是远程）操作。这将降低处置成本，但由于运行后持续时间较长，总体退役成本可能较高。

2）立即退役，会因缺乏衰变时间，导致退役产生的放射性废物的活度水平较高。尽管如此，由于减少了如维护、调查、存量更新等方面所需的工作量，将缩短整个退役项目的持续时间，因此预计总体成本会降低。

运行后成本和处置成本都是关键参数，需要根据具体情况决定立即退役还是延迟退役。

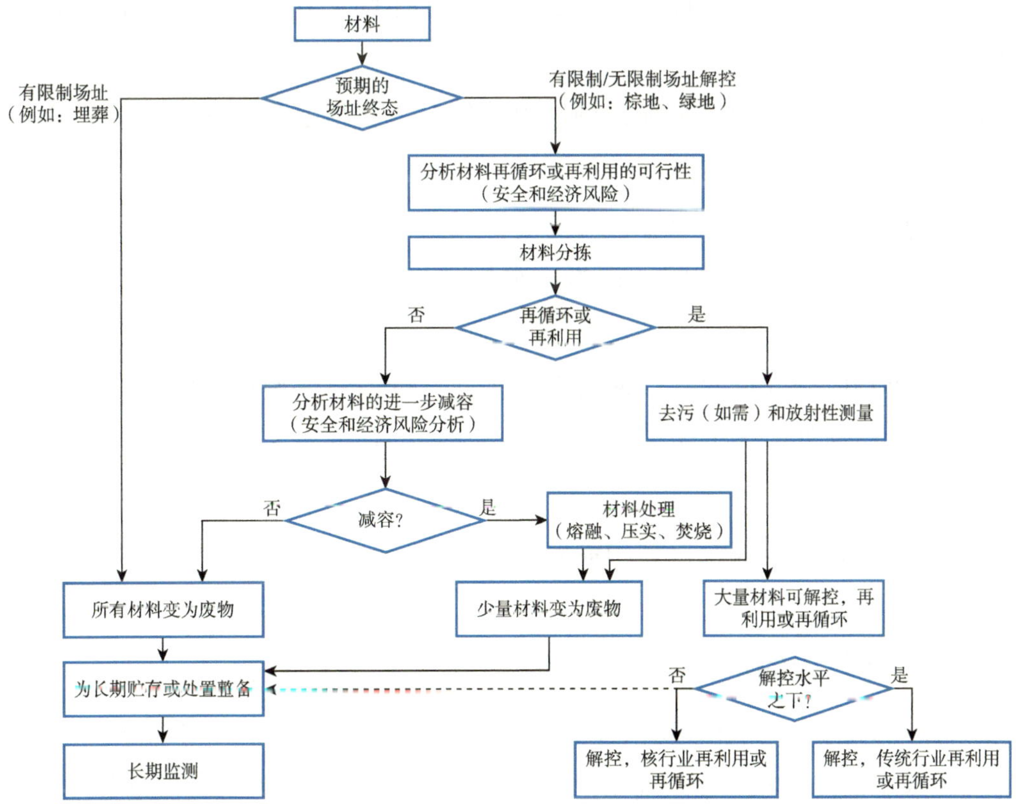

图 2-4 退役策略对材料终态的影响

分析材料存量的数量、类型和性质（物理、放射性和化学/生物）后，可以确定适当的放射性废物管理方法和废物管理路线。

存量中的物理数据可通过以下方式影响废物管理策略：

1）位置会影响废物体的大小（由于要往场外运输）；

2）废物体的最大重量受可用运输方式的影响；

3）在限制区域可能需要自动化或远程操作；

4）空间的限制可能会限制某些技术的使用；

5）材料对所采用的拆除技术以及随后的废物管理都有影响；

6）必须妥善处理拆除活动产生的流出物/排放物；

7）大量材料比少量材料更容易回收。

存量中的放射性数据：

1）将根据存量特点选择合适的材料处理、分离和去污方法，以降低材料的放射性水平；

2）较高放射性的材料需要在退役过程中进行远程操作；

3）较高放射性材料处理后产生的废物，在往场址外转移时可能需要远程或自动化手段；

4）根据放射性存量，必须为场址内的各个区域制定适当的辐射防护措施。

存量中的化学/生物数据：

1）根据待拆除材料的成分，可能需要对有害物质进行管理；

2）管理排放物（气溶胶、粉尘、水污染物）的方法取决于所选择的拆除技术；

3）有机物应分开存放，以便符合相关处置场地的废物接收标准；

4）除放射性外，还需考虑废物中影响解控的任何有害物质，必须采取额外措施分离有害物质；

5）退役材料的回收或再利用需要了解化学成分和有害物质的含量，以便选择合适的途径。

2.2.2 废物分级的应用

最合适的废物管理路线取决于废物管理策略，而废物管理策略则取决于场址终态和选定的退役策略。在非核环境中，废物管理遵循废物分级原则（减少、再利用、再循环、回收和填埋处理），在一些国家具有法律约束力。在核环境中，去污、减容和对放射性废物进行整备是在最终处置前将废物减至最少的额外措施。

必须对退役产生的材料进行分级，以便根据废物分类对废物进行全面管理。这意味着非污染材料应远离污染材料；低放射性材料应与高放射性材料分开；可去污的污染材料应与活化材料隔离。材料的分离将最大限度地增加可再利用或再循环的非污染或非活性材料的数量，并最大限度地减少受污染材料的数量。

放射性废物应根据其相（液态、固态）、放射性活度水平（极低放、低放、中放、高放）以及可燃性、可压缩性、体积等其他特性分别收集。可以采用特定的处理方法进一步去污、减容、重新分类。这些措施将会最小化最终处置的废物包数量；保持贮存能力（处置库应被视为稀有资源）；减少废物责任和风险，特别是在没有处置库的地方；优化废物管理的总体成本。

2.2.3 处理和处置技术的选择

2.2.3.1 废物最终处置的接收标准

由于缺乏最终处置库，因此也就没有最终确定的废物接收标准。在那些有最终处置库的国家，过去的经验表明，安全处置的要求越来越严格，例如考虑的时间从10万年延长到100万年。这种趋势在未来可能会继续下去，导致很难确定在废物整备过程中使用的最终废物包的参数。

由于对有机材料进入处置设施的看法发生了变化，特别是在长期稳定性和火灾危险方面，一些过去似乎可以接收进行最终处置的产品现在可能被认为是不可接收的。

（1）有机材料

有机材料在辐照下可能会形成氢气和有机气体，例如，在某些情况下，沥青固化体在贮存一定时间后会形成气体。对于含有有机化合物或使用有机粘合剂的废物体，可能需要更多关于其长期稳定性的证据，因此这些废物体可能被排除在最终处置之外。对有机放射性废物，热处理（如焚烧、热水解、等离子加热）可以消除这种风险。如有需要，可将产生的废物包容在无机基质中。

（2）含水基质

大多数废物体都使用基质材料或大块材料（如退役的金属部件），最常见的基质材料，如水泥，含有水分，可形成氢气。其他可供选择的基质还有：

1）玻璃和合成岩是相当成熟的基质材料，但似乎对废物成分很敏感，对于定义不清和不断变化的废物来说可能是个问题；

2）石墨/玻璃复合材料似乎更坚固；

3）金属，如钢。

处置设施长期安全的一个重要方面是水进入处置库的可能性。即使有不含水基质构建的额外屏障，退役金属废物也可能腐蚀并形成氢。较小的表面/体积比将有助于最大限度地降低这种风险。用退役金属生产的熔融铸锭不仅可以减少废物量，还能最大限度地降低表面/体积比。

（3）辐照石墨

第一代和第二代核反应堆以及钚生产堆大体使用石墨作为慢化剂。全球将有超过 25 万 t 的辐照石墨需要处理，其中英国、法国、俄罗斯和美国占很大比例。^{14}C、^{36}Cl 和氚是辐照石墨处理最关注的放射性核素，虽然这些都是 β 发射体，但它们的半衰期长、流动性大，因此很难处理。浅地层处置需要很高的耐腐蚀性，而对于深地质处置来说，处置的量太大。

近期关于辐照石墨处置的研发活动有两个方向：去污和提高抗浸出率。

2.2.3.2　废物处理

退役产生的放射性废物管理是整个退役过程中的一个重要步骤。该阶段的主要目标是产生适合在最终处置前进行临时贮存的整备废物包，另外一个重要目标是通过去污或其他特定处理工艺减少废物量。废物管理策略的详细内容取决于具体的废物存量和废物管理路线，但一般来说，将采用下述方法。

1）分拣：废物分拣和特性调查有助于确保在场址上有效地进行废物分离，避免废物类型的错误分流；

2）分离：材料应根据其放射性特性或物理化学特性分开存放；

3）去污：建筑结构是退役过程中需要处理的大部分废物，去除污染表面将大大减少放射性废物的数量；活化金属应就地切割（见图 2-5），表面受到污染的金属可采用干法工艺（如喷砂）或湿法工艺（如电化学）去污；

4）减容：根据放射性废物的类型，有不同的方案可用于其减容。对有机物进行热处理（焚烧、热水解）；对废物混合物进行等离子加热；金属可熔化形成金属锭（见图 2-6）；可压缩废物可进行压实处理；

5）整备：一些液态废物（如蒸发浓缩物）和固态废物（如焚烧灰）在初级废物包中使用基质材料进行固化。有多种初级废物体（如 200 L 桶）和材料（如高强度压实产生的颗粒）需要装入最终废物包，应使用灌浆材料或其他嵌入材料对其进行整备；

6）废物体（废物容器）：用于最终废物包的废物体必须符合相关处置场址的废物接收标准。这些标准规定：基本要求（如材料、形状和尺寸、可堆放性和机械操作特性）；具体要求（如机械稳定性、耐热性、密封性和屏蔽功能）；以及容器要求（如表面涂层、密封、通风口和空隙限制）；

7）暂存：暂存可在退役项目期间发挥不同的作用。将退役产生的原始材料在进一步处理前贮存在场址上；贮存降级或无限制解控的材料；贮存最终包装处置前的废物体容器；贮存处置库接收废物前的适合最终处置的废物体。应该注意的是，贮存时间往往比最初预计的要长，应采取额外措施防止泄漏、腐蚀和生物降解，并且只应贮存特性明确的材料；

8）测量：放射性核素的测量（包括取样）伴随着核设施的所有退役活动。

通过对设施退役过程中产生的放射性废物采取上述措施，可以最大限度地减少贮存和处置的空间需求，从而最大限度地降低贮存和处置成本。

图 2-5 沸水堆涡轮转子尺寸缩减

图 2-6 法国 Centraco 场址的金属熔炼浇铸

2.2.4 废物运输

人们经常认为放射性废物的运输存在问题。虽然对于某些类型的废物（如乏燃料或高放废液）来说，情况可能确实如此，但对于固体废物来说，情况通常并非如此，因为这是由国际商定的具体法规管辖的。还应注意的是，绝大多数退役废物都属于极低放废物，其次是低放废物。这些类型的废物可以使用传统的集装箱和车辆进行运输。

对于退役项目中产生的大多数固体废物，标准的 IP-2 海运集装箱符合运输规定。中放废物可能需要在集装箱内安装屏蔽装置或使用特殊集装箱，以满足剂量率限制要求。对于大型部件的运输，需要应用一些运输概念。没有表面污染的封闭式隔间通常可以在无外包装的情况下运输，但涡轮机转子等其他部件则需要包封或外包装（见图 2-7）。

废物采取场址外处理或是有大型部件需要运输的退役项目，必须有充分的废物运输计划，以避免潜在的废物运输挑战和瓶颈。

图 2-7　英国伯克利场址沸水堆蒸汽发生器运输

2.3　退役废物管理经济学

由于场址运行和基础设施，包括项目管理，是最大的成本要素，因此角色和责任的分配至关重要。新兴的退役工业组织形式是退役承包商同时是废物设施所有者，以便于将废物从设施场址运送到废物管理/处置场址。这是西班牙正在实施的概念，即西班牙放射性废物管理公司 Enresa 暂时拥有一个停运核电厂的所有权，在现场建造乏燃料临时贮存装置，用于贮存移除的乏燃料；对设施进行去污和拆除；将放射性废物运到自己的设施；恢复场址，并将土地归还给核电厂的原所有者。美国锡安 1 号和 2 号核电厂的退役也采用了类似的组织形式。

即使放射性废物管理设施归退役承包商所有，这些设施的贮存空间也是有限的，而且必须将其视为宝贵的资源。如果没有负责规划、建设和运营废物管理设施的集中规划者，业主/运营商必须依靠市场力量来预测退役废物需求。

由于有关放射性废物的监管要求不断变化，很难预测经过长期贮存后退役废物的接收标准。这导致一些核电厂业主预计，随着更多机组退役并争夺现有和计划中的废物贮存空间，废物管理成本将会上升。这种不确定性导致退役和废物管理成本的折现值范围随着贮存时间的延长而增加。因此，一些业主应选择立即退役，这也使他们能够依靠现有的一些人员帮助规划和管理项目。

2.3.1 费用估算和融资策略

对场址解控供未来使用的终态的定义存在差异，例如，是必须移除所有地下结构，还是可以保留 1 m 以下的结构。此外，在清除所有其他材料后，国家规定对放射性废物和核燃料的现场管理采用不同的标准。由于存在这些差异，每个场址对以下费用的估算可能不同：

1）退役废物的处理和整备；

2）放射性废物的贮存和处置；

3）与退役期间废物管理活动进度有关的影响；

4）移除乏燃料或在场址建立乏燃料临时贮存装置。

由此得出的估算结果将影响对退役专项基金的年度缴款要求或是国家拨款的额度。图 2-8 显示了核电厂退役项目不同成本类别所占的大致比例。需要注意的是，这些数据主要反映的是首台单机组核电厂的数据。

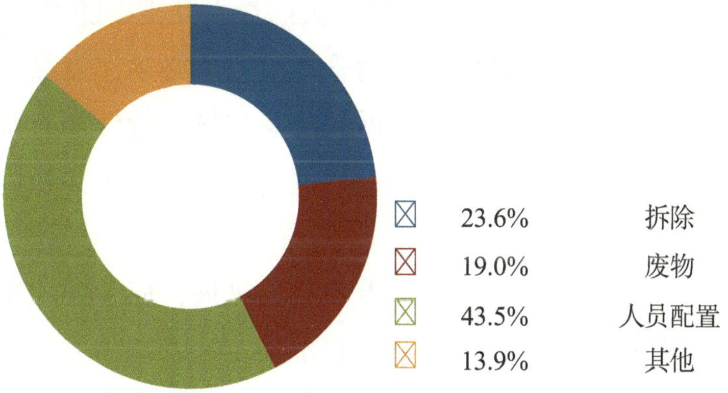

图 2-8 美国核电厂退役项目各类费用占比

2.3.2 费用驱动因素

退役废物管理的成本受多个驱动因素的影响，必须谨慎处理，以避免成本上升和进度超期。

退役政策和策略。必须尽快制定总体退役政策和策略，最好是在核电厂建设许可证颁发之时。这样才能规划和开发所需的废物管理和处置基础设施。

参与监管过程的利益相关方的作用和职责。围绕退役建立的监管框架必须清晰明确并得到公众的认可。核电厂运营商一般负责退役费用的融资，通常以电力销售收入为基础。这些运营商还负责支付所产生废物的管理和处置费用。所选策略与所提供的资金相匹配是业主/运营商的责任。履行这一职责是维持信誉和偿付能力以及提高公众接受度和利益相关方信心的关键。

退役前的规划和场址特性调查。如果在开始退役前，没有根据商定的场址终态和废物处置标准对场址（系统、结构和土地）进行全面的特性调查，则可能出现成本上升和进度延误。

乏燃料管理。乏燃料（包括受损燃料）或高放废物管理的费用本身可能不是退役费用（因为其处置或后处理可能是政府的责任），因此不包括在某些退役费用估算中。然而，在确定总体资金是否充足时必须考虑这一点，并且必须将其纳入总体退役时间表。

拆除作业和相关废物管理。有效规划和管理拆除作业以及相应的极低放废物、低放废物和中放废物的管理，包括处理、整备、包装、运输和处置，对成本和进度有重大影响。放射性废物管理的一个主要目标是废物的解控和重新分类，以尽量减少需要处置的放射性废物量并简化处理过程。

人力和承包商管理。人力成本是与退役相关的最大开支。随着时间的推迟，雇佣费用也将大幅增加。在组建退役和废物管理组织时必须注意鼓励交流经验教训。在任何情况下，让营运人员在开始拆除前参与场址特性调查都能提高绩效。事实上，应在核电厂整个运行周期内对场址（包括运行中的核电厂和废物管理设施）进行特性调查。

风险管理、不确定性和突发事件。随着项目的进展，应考虑成本和进度方面的基本假设可能发生的变化，从而将风险和不确定性管理纳入退役过程。积极的风险管理可增强对退役成本估算（DCE）的信心，从而提高公众对项目的认可度。在退役前和退役过程中更新退役成本估算并对假设的变化进行敏感性分析，是建立充足资金的重要前提。除了可靠的退役成本估算外，还必须建立灵活的制度，以确保在需要时能够获得资金。

退役资金安排可能容易受到设施比预期提前关闭或基金无法达到足够水平以支付全部退役费用的影响。如果没有资金保证核电站完全退役或进行废物管理，必须明确界定剩余资金出资责任。各国必须建立机制，明确责任，确保子孙后代（即那些未从核电厂运行中受益的人）不会因过去或现在产生的废物或未来的退役活动而承受负担。

筹资政策和策略。必须根据国家法律制度正式确定核电厂和废物设施退役的融资要求。各国在这些要求的细节方面存在诸多差异。在许多情况下，目前实施的法律制度要求对退役成本估算和相应的退役信托基金，以及退役信托基金是否足以支付退役估算成本进行系统的审查。必须从法律上界定退役信托基金的管理和监督责任。必须认真考虑退役费用的构成，例如可降低未来退役成本或提高退役速度的研发活动。

2.3.3 对经济的影响

如上文所述，遵循废物分级原则将提高现有和计划中的废物设施和基础设施的效果。这意味着在退役和废物管理过程中，应尽一切努力减少结构、设备和材料的交叉污染；减少产生的废物量、包装和运输；尽可能再利用或回收结构、设备和材料；以尽量减少未来照射并避免未来搬运和重新包装的方式处置整备废物。这些工作将有助于优化整体退役计划，降低相关成本。

虽然退役废物管理占核电站退役成本的比重较小，但仍很重要，如果不能提供与退役计划相匹配的废物管理路线和设施，就会延长退役时间，从而增加项目管理成本，而这是退役的最大成本。非反应堆设施退役的废物管理费用在退役费用中的占比可能与反应堆退役有所不同。例如法国 UP1 后处理厂退役中，按照最初计划，退役废物的处理、运输和处置占退役总费用的 37%，远高于上文提到的核电厂退役废物管理费用 19%的比例，原因可能主要在于后处理厂面临更加复杂和放射性更高的废物处理需求。此外，在可预见的未来，由于需要提供额外的暂存解决方案，放射性废物处置设施的缺乏将继续增加放射性废物管理的成本。

退役前做好计划和退役过程中不改变退役范围是成本和成本不确定性的重要驱动因素。退役计划应在设计阶段开始，并在核电厂的整个生命周期内对退役计划进行例行更新。通过了解废物存量、退役策略和终态要求，可以尽早确定退役废物管理要求，以便对废物管理资源和设施进行规划。早期建设的生产堆、后处理厂等非反应堆设施，由于在设计阶段缺乏退役考虑，加之运行阶段管理不完善，当时废物处理技术产生的废物不符合当前废物处置要求以及缺乏运行资料等原因，在退役过程中可能出现较高的不确定性和技术挑战，导致退役范围发生变化，为退役费用带来较大的不确定性。

由于包括项目管理在内的场址运行是最大的成本要素，因此退役和废物管理组织的正确设计以及角色和责任的分配至关重要。设施业主必须决定哪些活动在公司内部进行，哪些活动外包给第三方。

参考文献

[1] WNA. Methodology to Manage Material and Waste from Nuclear Decommissioning [R]. Waste Management & Decommissioning Working Group, 2019.

第3章　退役技术挑战和发展需求

技术在退役项目的实施过程中发挥着重要作用。在退役方案的论证和评估阶段，需要分析退役工作面临的挑战以及应对挑战采取什么技术。多数情况下，可选择现有技术完成退役活动，但某些情况下，需要开发特定技术应对特定挑战。针对复杂的退役设施，更需要制定技术路线图或技术蓝图，在退役计划中明确所需主要技术的发展方向。

项目决策取决于相应技术的可行性和成熟度。符合监管规定，成功完成退役项目很大程度上取决于是否部署了适当的技术。如果选定的技术路线失败，则会影响员工的健康、项目进度、相关组织的财务能力和利益相关方的支持。为了减少这些威胁，通常倾向于选择市场上已有的成熟技术，而不是应用新开发的技术。技术方法的选择和适用工装的开发是退役项目成功的关键因素，有助于减少风险，优化项目进度，降低项目成本。

不同类型的民用和商业核设施（核电反应堆、研究堆、核燃料循环设施）退役的要求不同，因此退役面临的挑战和技术需求也不同。

3.1　不同类型设施面临的技术挑战

3.1.1　核电反应堆

部分核电厂在设计建造时，并未预先考虑未来的退役问题，尤其是早期的反应堆，设计优化更多的是为了安全运行和可靠发电，基本没有考虑是否便于今后退役。这就造成了退役必然面临很多挑战，包括设施的特性调查、部件的可达性以及大型部件和混凝土结构的安全拆除。

由于反应堆内高中子通量，堆芯内部和周围材料已经被活化，造成了高辐射水平环境下人们难以进入，这意味着必须通过远程控制才能开展源项调查，或者使用计算机模型进行模拟估计。拆除活动则要在水下或其他屏蔽物后面远程开展，同时还需要考虑系统和结构的复杂性。

大型部件的拆卸和拆除，以及由此产生的放射性废物的管理，是核电反应堆成功退役的关键。例如，反应堆压力容器具体实施需要特殊设备才能完成任务，蒸汽发生器通常整体拆除，其尺寸、重量和位置等给工程实施带来了各种挑战，需要专门的设备进行拆除、重型吊装和运输。

3.1.2 研究堆

许多研究堆都是独一无二的，它们的设计和建造都是为了满足特定的需求，因此给退役带来了不同的技术挑战。经验表明，一些研究堆在建设期所使用的施工方法和材料往往没有足够的文件记录，运行操作亦是如此，从而使操作工作变得更加复杂。

与研究堆有关的其他设施，如核实验室、热室、通风柜、车间和其他试验设备，可能已经遭到放射性污染，必须退役，这些污染设施设备也给研究堆退役工作带来了各种挑战。根据研究堆的类型和用途，设施可能存在超铀和特殊放射性核素。准确检测这些放射性核素，实施源项调查工作也困难重重。特别是存在 α、β 污染时，在没有准确检测到污染核素之前，调查工作也是很复杂的。

一般来说，研究堆的退役规模比核电反应堆小得多，实施人员相对较少，造成的辐射水平可能更低，产生的废物总量也较小。

3.1.3 核燃料循环设施

与研究堆一样，许多核燃料循环设施在建造和运行方面都是独特的，这给退役和新技术应用带来了特有的挑战。核燃料处理设施内有剪切以及溶解的重型设备，水池或贮罐可能存有污染水和泥浆。燃料后处理设施具有高污染、高辐射特点，造成退役活动更复杂，需要使用远程技术。

钚处理设施的退役必须考虑临界问题。此外，拆除工作需要手套箱或具有通风设施的特殊容器，避免 α 污染的扩散，降低人员的摄入和吸入风险。在这种情况下，拆除前准确开展源项调查非常重要。钚的湿产品和干产品处理也面临着不同的挑战。湿产品不能贮存在密封容器中，因为它会产生氢气，提高容器压力，造成爆炸风险。干产品具有很高的流动气溶胶，可以长期悬浮在空气中，导致手套箱和设备的去污非常耗时。

由于需要处理的废物种类繁多，废物处理设施也面临挑战。这些废物通常包括放射性废液，以及中放和低放固体废物。一些特殊废物需要特别关注，如辐照石墨、石棉、汞等。临时废物贮存设施设计简单，贮存的放射性废物经过处理和安全包装，其操作一般不会造成污染。

3.2 技术现状和发展需求

3.2.1 拆除前的特性调查

设施拆除前需要开展源项调查，内容包括对设施和场址放射性物质和其他危险物质的质量、数量、范围和分布的估计。实施方式主要为历史情况评估和现场测量。源项调查的目的是获取有关设施中放射性和非放射性条件相关信息。然后，确定去污、移除、包装、运输和处理材料、系统、结构、土壤和工具等范围和程度。在拆除前，掌握物理、放射性和非放射性特征是所有退役项目的关键要素。

目前退役拆除前的特性调查技术总体已发展得很好，但在两个领域还需要进一步发展：开发通过原位测量系统、结构和部件的技术；通过开发代码或模型，提高潜在放射性和污染预测的准确性。

需要开发新技术和改进技术手段检测和识别 α 和 β 放射源。需要开发新技术对复杂和难以接近结构进行特性调查，如管道、容器内部构件、分析和取样室以及装有液态放射性废物的地下贮罐等。特别是在高辐射区域，有必要开发和使用机器人、遥控潜水器和无人机。对于现场特性调查和随后的监测、遥感、遥测和卫星技术的应用越来越存在可能。

由于设施退役还必须处理非放射性物质，如石棉、多氯联苯和多环芳烃，因此有必要改进和开发现场识别这些物质的技术。土壤和地下水的调查相对昂贵，存在进一步发展的潜力。计算机代码和建模也需要开发和改进，这不仅有利于源项调查，也是为了支持废物统计和成本估算。

3.2.2 分割和拆卸

切割和拆除技术的选择取决于退役操作的规模和复杂性、所涉及的材料特性以及需要实现的目标。总体而言，可用的拆除技术可分为以下六类：

1）机械切割技术、包括剪切机、锯、轨道切割机和磨料切割；

2）热切割技术，包括火焰切割和等离子弧切割；

3）磨料水射流切割，包括磨料水喷射切割和磨料水悬浮射流切割；

4）电切割技术，包括放电和电弧锯切割；

5）新兴技术，包括液化气切割和激光切割；

6）机械拆卸技术，包括破碎工具、线锯、液压剪、破碎球、膨胀灌浆和岩石劈裂。

国外已完成包括反应堆和后处理主工艺厂房等多个大型核设施的拆除退役，说明已有多种切割技术可用并已应用，但现有技术在提高工作效率和进一步减少二次废物方面，仍有改进的潜力，需要改进的领域包括：反应堆压力容器等大型部件的搬运和拆卸；远程控制技术；高剂量率狭窄环境中的移动或远程控制技术；厚混凝土结构切割；喷丸工程；石墨结构拆除；出入口及通道设置(如脚手架)。

3.2.3 去污和清理

去污技术不仅在退役期间应用，在运行过程中也作为一种常规操作来减少放射性废物的数量。目前已有多种去污技术：

1）化学去污，包括化学溶液、泡沫、凝胶、多相处理；

2）机械去污，包括用水冲洗、抽真空、擦拭、擦洗、喷砂、蒸汽清洗、高压和超高压水喷射、研磨、粉碎和剥离；

3）新兴技术，包括光烧蚀、微波结疤、热降解和电迁移；

4）其他技术，如电解抛光、超声波清洗和熔化。

为了消除周围环境中放射性和危险物质造成的污染，需要清理核设施现场的地下设施、土壤和水。清理技术包括土壤清理、土壤固化和地下水清理三个方面，主要技术包括挖掘和处置、土壤蒸汽提取、原位生物修复等。

目前已有大量可用的去污技术，如化学去污，可以显著降低辐射水平，但仍有需要改进的方面，如技术供应商的能力提升。另外，用于高污染材料去污的远程控制技术，以及用于燃料碎片和高放射性材料的远程处理技术还需进一步开发。因此，机器人和自动化、模块化去污系统的潜在用途具有良好的发展前景。

拆除和去污过程中产生的废物是另一个挑战，其处理技术需要进一步发展，特别是废物分离技术和各自的处理方法。另外，污染土壤的去污和清理技术也需要进一步的研发。

3.2.4 材料和废物管理

退役期间，去污、拆除和场址清理产生的废物需要安全管理、处理、去污、贮存和处置。

当前，对于不同形态的各类常规放射性废物，已有满足退役需求的处理技术和方法。液体废物处理方面，如高放废液玻璃固化技术、低中放废液水泥固化技术、放射性有机废液焚烧和热解技术等；固体废物减容方面，如可燃废物焚烧、可压缩废物压实等。材料和废物管理领域需要进一步研究特殊废物的处理、包装和处置技术，特殊废物包括辐照石墨、超铀废物、有机材料等。

整个废物管理过程也需要进一步改进，包括：放射性废物的识别、特性调查和处理；受污染的常规危险材料（如石棉、汞）的处理；开发经验证的泥浆处理技术，尤其是 α 泥浆处理技术；辐照石墨的处理和贮存/处置；快速检测低水平辐射和污染的技术，判定作为处理低放废物的材料，并将材料分离出来进行清洁解控或豁免；金属和混凝土的解控和再利用处理技术。

在废物进行长期处置之前，退役设施场址可能存在临时贮存设施。因此，需要开发用于临时贮存放射性废物的安全容器和密封舱，在长期保存几十年后，从容器中安全回收乏燃料组件的容器也是需要进一步开发的领域。

3.2.5 终态监测和环境监测

拆除活动完成后，在剩余建筑进行常规拆除、场址解控之前，必须对场址进行终态监测，以确认是否达到批准的终态。退役完成后，需要在一段时间内实施环境监测计划。

终态监测和环境监测技术包括三维建模和用于特性调查的非破坏性采样。该领域还包括使用复杂模型来模拟潜在土壤和地下水污染以及污染源，如混凝土地下结构或贮存。已经开发了现场特性调查的统计方法，作为所有表面直接测量的补充。

特性调查和监测技术领域需要进一步发展的技术和方法如下：

1）开发非破坏性和非侵入性技术，在拆除前评估建筑物或构筑物中的放射性物质水平；

2）用于证明土壤和地下水以及剩余地下结构符合清洁解控要求的方法；

3）统计方法的发展。

3.3 创新驱动力

在上述五个领域，尽管当前技术可用并已成功应用，但每个领域都需要开发新的或更先进的技术，开发侧重于改进优化，以便退役更安全、更快、更具成本效益。一般来说，退役新技术的发展可归因于三个主要驱动因素：在现有技术不存在或不足的情况下应对退役挑战；减轻退役期间可能发生的风险；为了提高安全性，缩短进度和降低成本。

在常规退役项目中，通常不需要开发全新的技术，而是选择使用现有技术。但当设施受到严重污染或物理损坏的情况下，常规退役策略和技术可能不适用、不可用或不切实际，此时需要开发新技术。针对特殊情况，需要开发特殊技术。一些技术挑战为开展基础研究提供机会。因此，特殊情况下会开发三维模型、虚拟现实应用程序和远程控制应用程序。

充分吸取其他退役项目经验教训可以降低退役风险。这些都是法规要求，或者在退役规划过程中确定。为了提前识别潜在风险，高效的知识管理系统至关重要，包括增强通信、归档数据以及及时检测和更新。建筑信息建模（BIM）和综合项目交付（IPD）是目前正在探索的两种新兴退役技术。

用于退役规划、管理和运行的新技术能够提高项目进度，降低成本和保证安全性。如果在设施寿期的早期阶段而不是末期开始采用某些技术，可能会更有效。为应对独特挑战而创新开发的解决方案也可用于其他设施，这为技术创新提供潜在市场。技术创新发展的潜在机会受到商业考虑的影响。例如，如果一个组织能够向几个客户提供新开发的技术，回收开发成本，并有可能通过提供改进的产品来提高市场份额，那么他们可能会看到商机。一个拥有多个设施的组织可能准备投资创新发展，因为成本可以分散在几个项目和一段时间内。但是，如果一个组织只有一个或少数设施，情况就并非如此，因为开发和批准项目既耗时又昂贵。

3.4 新兴技术和工具

从历史上看，退役方面的技术突破通常进展缓慢，合作有限，该行业在很大程度上依赖于采用其他行业开发和验证的技术。为了响应上文所述创新驱动因素，获得其他行业已经可用或已在其他退役项目中成功应用的技术和经验至关重要。

新兴技术和工具支持建立跨越核设施整个生命周期的知识管理流程。知识管理过程必须是知识管理系统的组成部分，因为知识管理直接影响安全和人力资源。必须收集和生成可用的知识，并且必须开发、传递给其他利益相关方并加以保存。

新兴的数字技术涵盖了多个领域，从具有模拟和监测设施条件的数字孪生的完全数字化管理系统，到最常见的数字化、激光扫描和三维建模。有许多案例表明，三维扫描和建模已经被有效地用于建立准确的三维退役信息影像。这些信息可以支持与现有设施和设备的接口设计，或用于退役规划目的。此外，虚拟现实和增强现实等技术也被用于安全环境中查看这些信息，以支持熟悉、培训和利益相关方管理。法国原子能和可替代能源委员会（CEA）在马库尔场址建设了服务设施退役拆除的虚拟仿真沉浸室（见图3-1），室内建有（3.7×2.3）m的立体视觉系统，给用户虚拟环境下的全景3D体验，已在UP1后处理厂MAR200的拆除中得到应用，设计和验证MAR200中溶解器的拆除场景。也有一些例子表明，γ甚至α相机被用于识别三维环境中的剂量分布或剂量图。此外，剂量信息可以放入三维空间模型中，用于进一步支持退役规划和剂量管理。该技术也被用于数字环境中提供实时信息并以数字模型显示的设施，被称为“数字孪生”。

BIM允许相对于场址或设施的三维模型来组织和跟踪数据和信息。这使得位置数据能够标记到坐标，并能够在整个退役项目中跟踪设施的当前物理状态、设备、人员、特性数据和材料处理包。BIM可以与用于表征、规划和不确定性分析的工具一起使用，将BIM与全球定位系统或位置感知wifi网络相结合，可以部署半自动或完全自动的机器人系统和无人机。

图3-1 虚拟仿真沉浸实验室

参考文献

[1] International Atomic Energy Agency. Global Status of Decommissioning of Nuclear Installation [R]. NW-T-2.13, Vienna, 2023.

[2] CEA. Clean-up & Dismantling of Nuclear Facilities[R]. 2018.

第 4 章 国外核燃料后处理厂运行和退役现状

4.1 美国

4.1.1 西谷后处理场址

西谷后处理厂是美国第一座也是迄今为止唯一一座商业后处理厂。该设施于 1966—1972 年运行，理论上每年可处理 300 t 乏燃料，6 年的运行时间里，共后处理了 640 t 乏燃料，场址内的贮罐中积累了超过 60 万 gal 的高放射性废物。

美国国会于 1980 年批准了《西谷示范项目法案》（P. L. 96-368），责成能源部（DOE）与其他联邦机构和纽约州合作，移除受辐照的核燃料元件，并拆除受到污染的后处理设施。2002 年使用玻璃固化技术完成了高放废液处理，玻璃化废物仍存放在现场，等待最终处置，但依然存在低放废物以及土壤、建筑和地下水去污问题。

2010 年，美国能源部发布了一份决定书（ROD），决定对西谷示范项目的剩余清污活动采取分阶段决策方法。第一阶段包括土壤修复和剩余设施的处置，第二阶段将处理 4 个地下贮罐、2 个现场处置区、修复地下羽流以及其他小型设施。预计到 2028 年完成玻璃固化设施的退役，2032 年后的主要工作是处置“无主”废物（目前没有处置途径的废物）并完成第二阶段的退役活动。目前能源部预测将在 2043 年彻底完成西谷示范项目退役。

1996 年，能源部曾预估彻底清除西谷示范项目后处理产生的污染总成本为 52 亿美元，但 2010 年的评估显示，如果在现场无限期管理剩余放射性废物，将增加 5 亿美元的成本；如果清除污染，将增加 54 亿至 82 亿美元的成本，但截至目前尚未对最终的场址管理方案作出决定。

4.1.2 汉福特场址

汉福特场址有 5 座军用后处理厂，后处理厂也简称为“谷”设施。

B 厂位于 200 区（西），是最早的钚处理设施之一，该厂 1945 年至 1957 年运行，1968 年整改后重启，从废液中分离铯和锶，此任务于 1985 年结束，1998 年完成去活化。

钚铀分离厂（PUREX）是汉福特场址最后建的一个处理厂［地上高 64 英尺（1 英尺=0. 304 8 m），地下 40 英尺，防护混凝土墙厚达 6 英尺］，所用管道长达 33 英里（1 英里=1 609. 344 m）。该厂于 1956—1972 年和 1983—1988 年运行，共处理 70 000 t 铀燃料元件，据称是世界最大钚厂。钚铀分离厂已拆除了两个化学品贮存区，包括 20 多个空贮罐，一个泵房和数百英尺的管道，以推动后续的主设施内去污工作。

雷道克斯后处理厂（REDOX）是汉福特第 4 个后处理设施，与前几个的长（470 英尺）不同，宽达 160 英尺。设施 1952—1967 年运行，处理约 24 000 t 燃料。既能提取钚，又能提取铀。预计该厂将像 U 厂一样拆除操作层以上部分。

T 厂是世界上第一个此类化学处理和分离厂。1945 年投入运行，目前用作去污和修理设施，用于处理、包装废物，对回取的填埋废物进行取样。

U 厂于 1944 年建设（810 英尺长，66 英尺宽，77 英尺高），其设计目的是从辐照燃料中分离钚，在建成后最初用于对工作人员进行培训，1952 年该厂用于从钚萃取工艺产生的废液中分离铀，1958 年开始处于备用状态。从 1958 年直至 1964 年该厂用于接收其他后处理设施送来的沾污设备，并进行去污和维修。1964 年，该厂进行了少许去污工作后废弃达 45 年。2005 年美国能源部、环保局和华盛顿州生态部就厂最后处置达成一致，发布了决定书。这代表着能源部场址后处理设施的第一条清污“路径”。根据决定书，要开展大型处置和去污活动。2010—2011 年已开展决定书中规定的一些拆除活动。到目前为止，已向 U 厂内部泵入水泥浆类似物质将污染原地固定，为后续的设施拆除做准备。

4.1.3 萨凡纳河场址

萨凡纳河场址历史上曾有两个化学分离设施，分别是 H 谷设施和 F 谷设施。

H 谷设施是美国唯一正在运行的、具有生产规模的、放射性屏蔽的化学分离设施。H 谷设施于 20 世纪 50 年代初开始运行。历史上，该设施的业务是从萨凡纳河核反应堆的燃料管中回收铀和镎，以生产用于制造核武器的放射性材料。冷战结束后，该设施的任务转变为防扩散和环境清理。该设施内部形似峡谷，因此得名。大多数峡谷作业都是在控制室通过遥控起重机完成的。峡谷的一侧是“热室”，因为辐射水平较高，而峡谷的另一侧则是“温室”的，因为辐射水平较低。H谷设施最近的任务是处理乏燃料溶解，并通过复杂的化学过程从溶解的溶液中回收铀。

F谷设施位于F区，于20世纪50年代运行，历史上用于溶解生产堆和研究堆的辐照燃料后，通过化学分离工艺回收钚-239和铀-238。F谷设施的FB生产线位于F峡谷顶部，建于20世纪60年代初，用于接收F峡谷生产的钚-239硝酸溶液并将其转化为固体形式。一直运行至2002年。FB生产线于2005年2月完成去库存化，并于2006年6月最终停用。

4.2 法国

4.2.1 马库尔场址

法国马库尔场址位于东南部加尔省。于1956年投入运行，是一个大型工业和科研场址，主要由法国原子能和替代能源委员会（CEA）和欧安诺集团（前身为阿海珐集团）营运，场址上有1座正在退役的后处理厂UP1。

UP1是法国的第一个使用普雷克斯流程的工业后处理厂，1958年投运，1997年关闭，处理了186万t气冷堆乏燃料。在UP1后处理厂运行的40年，处理过各种类型的燃料元件，例如金属油、U-A1燃料棒、凤凰增殖反应堆燃料元件和压水堆燃料元件。

UP1厂退役工作的总日程表于1997年6月被批准。退役总体分为三个阶段，包括：MAD（去污）计划、RCD（废物回取和整备）计划和DEM（退役和拆除）计划。计划日程如图4-1所示。

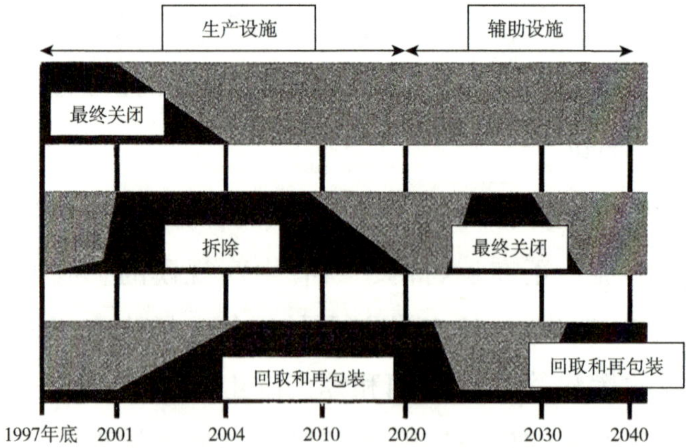

图4-1 UP1厂退役工作时间日程

根据UP1的拆除计划，要拆除14个主要设施，包括用于燃料脱壳、钚提取和裂变产物处理的生产设施以及主要用于废物处理和整备的支持设施。需要拆除和清洁的房屋和设备室超1 000间，还包括700个贮罐和2.1万t设备（其中2%为高放废物）。拆除的设备种类繁多，包括：手套箱、屏蔽层、贮罐、脱壳燃料存储设施、传送装置、临时存储池、地坑和用于脱壳、溶解、化学分离、浓缩、化学转化、玻璃固化等的工业设施。最终目标是对这些设施进行拆除并去污，为厂房拆除工作做准备。

目前，预计化学工艺部分在2035年完成退役，先拆除中放设施，最后拆除高放的溶解器、蒸发器和贮罐；总的去污和退役（D&D）项目计划2040年完成。

4.2.2 阿格场址

阿格场址为世界上规模最大、技术最先进、工艺最成熟的商业轻水堆乏燃料后处理基地。它不仅处理法国国内的乏燃料，还为德国、日本、意大利等国处理进口乏燃料，该厂运行至今未发生过任何重大事故，是成熟商业后处理厂的典范。阿格场址上现有两个商用乏燃料后处理厂在运行，即UP2-800和UP3，由阿海珐获批建造。目前UP2-800主要用于满足法国电力公司的需求，UP3则为国外客户服务。另有一座后处理厂UP2-400和后处理中试厂AT1正在退役。

（1）AT1后处理中试工厂

后处理中试工厂AT1于1969年正式投运，经过10年运行后于1979年关闭。运行期间处理过“狂想曲”堆和“凤凰”堆卸出的乏燃料元件。

退役采用立即拆除策略。1985年起开始拆除工作，广泛使用了远距离操作的技术，对该厂的设备室和热室进行了拆除和去污工作。1990年1月开始拆除高放小室（903/904/905）。2001年完成了设备的拆除和去污活动，使人员可以进入厂房。2006年完成厂房的退役，目前处于监控状态，其许可证仍未终止，因为AT1的完全退役是UP2-400退役的一部分。

（2）UP2-400

UP2-400是欧安诺公司的第一座商用乏燃料后处理厂，1966年到1998年期间处理了近5 000 t气冷堆的天然铀乏燃料，4 300 t压水堆乏燃料。以及少量来自快中子堆和研究堆的乏燃料，2003年底关闭。

UP2-400退役项目于2009年启动，预计将持续25年。退役难点之一是厂房实际拆除前大量遗留废物的回取，包括燃料包壳、废树脂和泥浆等。退役需要清除和处理的放射性废物约为 32 000 m^3。流出物处理设施 STE2 的贮罐内约有10 000 m^3的泥浆需要回取整备。

（3）UP2-800 和 UP3

20 世纪 80 年代，法国为了发展氧化物燃料后处理事业，预算投资 500 亿法郎建设 UP3 和 UP2-800 的联合工程，在阿格场址兴建 UP3，并扩建 UP2-400，扩建部分即为 UP2-800 后处理厂。

建设 UP2-800 的资金是通过原 COGEMA（现欧安诺）和 EDF 签订长期服务合同获得，UP2-800 于 1996 年投入热运行。UP3 于 1990 年投运，额定处理能力为 800 t/a。UP2-800 和 UP3 的总处理能力约为 1 700 t/a，若满负荷运行，可承担 90-100 台百万千瓦级核电机组每年产生的乏燃料后处理任务。UP2-800 主要负责处理国内产生的轻水堆乏燃料，UP3 主要负责国外乏燃料后处理。

4.3 英国

4.3.1 塞拉菲尔德场址

塞拉菲尔德场址是目前英国最大的后处理基地，为英国核退役管理局（NDA）所属场址，由塞拉菲尔德有限公司营运。场址上的后处理设施包括：B204 镁诺克斯后处理中试厂、镁诺克斯后处理厂（B205）和热氧化物后处理（THORP）。

B204 后处理厂设计用于温茨凯尔 1 号，2 号堆辐照燃料和镁诺克斯燃料后处理，于 1952 年开始运行，运行到 1964 年，之后被 205 厂替代。由于重大事故，于 1973 年关闭。B204 后处理厂目前正在退役中。

镁诺克斯后处理厂（B205 厂）也位于塞拉菲尔德场址，于 1964 年建成投运，生产能力 1 500 t/a。镁诺克斯后处理厂主要用于处理英国本国的镁诺克斯乏燃料，并对意大利和日本的乏燃料进行后处理，建成以来已总共处理了约 5 万 t 的镁诺克斯乏燃料。2015 年年底，英国最后一座镁诺克斯反应堆正式关闭，镁诺克斯后处理厂于 2022 年 7 月彻底关闭，在近 60 年的运行时间里处理了共 55 000 t 乏燃料。

THORP 厂是 1974 年英国为处理本国先进气冷堆乏燃料并承接国外的乏燃料后处理业务而计划建造的大型商业后处理厂。1983 年 THORP 厂正式开工建设，1994 年进行试运行，并于 1997 全面投运。THORP 全面投运后，开始稳步提高年处理量，最终年处理能力达到了约 900 t，但一直未能达到 1 200 t/a 的设计处理能力。THORP 厂运行期间多次发生事故，海外订单不断减少，运行成本高，收益连年下降，因此 2018 年 11 月在处理完最后一批乏燃料后停止运行，目前还没有确定退役计划。该厂的乏燃料贮存设施将继续运行至 21 世纪 70 年代。

4.3.2 敦雷场址

敦雷场址有两个后处理厂：混合氧化燃料后处理厂和燃料后处理厂。混合氧化燃料后处理厂 2001 年关闭，正进行 1 阶段退役；燃料后处理厂 1998 年关闭，已完成 1 阶段退役，正进行 2 阶段退役。计划 2030—2033 年完成场址清污并达到中间状态。

4.4 俄罗斯

俄罗斯的军用乏燃料后处理厂分别位于三个场址：马雅克化学联合体（车里雅宾斯克-65）、西伯利亚化学联合体（托木斯克-7）及采矿与化学联合体（克拉斯诺亚尔斯克-26），主要用于军用钚生产堆辐照燃料后处理。

另外，俄罗斯目前有一个商用乏燃料后处理厂 RT-1 在运，位于马雅克场址；一个商用乏燃料论证示范中心和一个在建的商用乏燃料后处理厂 RT-2，位于采矿与化学联合体场址。PDC 第一个设施（5 t/a）于 2016 年获得运行许可，PDC 第二个设施（250 t/a）正在建设，RT-2 预计于 2025 年投运。

2016 年，俄罗斯发布了一项新的乏燃料管理计划（2020 年前），计划将乏燃料运往马雅克的 RT-1 后处理厂进行处理，或者运到采矿与化学联合体的集中贮存设施进行贮存，待 RT-2 后处理厂投运后进行处理。

4.4.1 马雅克化学联合体

马雅克共建有两座军用后处理厂，B 厂（25 厂）和 DB 厂（35 厂）。第一个后处理厂是 B 厂，于 1948 年底投入使用，用于处理马雅克 5 座军用钚生产堆产生的乏燃料。该处理厂经过了几次更新升级，于 20 世纪 60 年代初期关闭。

DB 厂建于 1954 年，1959 年开始运行，1987 年停止军用后处理，目前仍有部分设施在运行，进行放射性同位素相关任务。此后，马雅克钚生产堆所产生乏燃料送往西伯利亚化学联合体场址进行后处理。DB 厂处理能力为 400 t/a。

1971 年，利用部分原有 B 厂的设施，在原来的 B 厂场址上建造了 RT-1 后处理厂，1977 年投运，生产能力为 400 t/a，RT-1 厂共有三条生产线，主要用于接收 VVER-440 反应堆、BN-600 反应堆、核动力潜艇及研究堆和材料生产堆产生的乏燃料，利用普雷克斯流程进行乏燃料后处理。为了满足处理需求，俄罗斯对 RT-1 后处理厂进行了更新升级，于 2016 年完成，生产能力升级为 500 t/a。升级后的 RT-1 后处理厂还可接收处理 VVER-1000 反应堆产生的乏燃料。

4.4.2 西伯利亚化学联合体

西伯利亚化学联合体建有一座军用后处理厂，称为化学分离厂，1956 年开始运行，2010 年关闭。其处理能力为 6 000 tHM/a。

1958—1964 年，生产堆产生的乏燃料送往马雅克化学联合体与西伯利亚化学联合体场址上的后处理厂进行后处理。

4.4.3 采矿与化学联合体

1964 年，采矿与化学联合体场址上的后处理厂建成投运，主要工艺流程有硝酸溶解金属铀、多段萃取分离铀和钚，铀钚去污、钚浓缩液吸附。后处理的最终产品 PuO_2 送往马雅克与西伯利亚化学联合体进行转化，用于制造核武器部件。自 1994 年起，该后处理厂停运。

目前，采矿与化学联合体场址上还有一个大型乏燃料后处理厂 RT-2 在建中，计划建造两条生产线，一条生产能力为 700 t/a，计划 2025 年投运；另一条 800 t/a，预计 2028 年投运。1984 年启动建设，由于公众反对和资金不足，1989 年暂停建设，只完成项目的 30%~40%。目前，后处理设施进行了重新设计，采用普雷克斯流程，可处理 VVER-1000、RBMK 与快堆乏燃料，建造成本 20 亿美元，预计 2025 年投运。

2016 年，采矿与化学联合体场址上的乏燃料后处理示范厂第 1 个设施投运，示范论证几种后处理技术。第 1 个设施（初始研究热室）的生产能力为 5 t/a，第 2 个设施的生产能力为 250 t/a。该示范厂为大型后处理厂 RT-2 的第一阶段，示范厂将示范论证新型技术。最初将处理 VVER-1000 乏燃料，而后处理快堆燃料，还可用于论证热中子堆闭合燃料循环，即使用回收混合物（REMIX）作为燃料，生产 MOX 燃料。该厂已于 2019 年 1 月投运。

马雅克后处理设施仍在运行中。西伯利亚化学联合体化学分离厂和采矿与化学联合体化学分离厂均已关闭。两座设施仍在进行退役方案研究，尚未开始退役。

4.5 德国

德国卡尔斯鲁厄后处理中间试验厂（WAK）由 WAK-BG（WAK 营运）公

司运营，1967 年开工建设，1971 年建成，于 1971 年 9 月投入运行，采用普雷克斯工艺。工厂的设计处理能力为 175 kg/d，年最大运行天数为 200 天，但实际处理量远低于设计值。

20 世纪 70 年代后期，德国核电厂乏燃料后处理公司（DWK）曾计划在瓦克斯多夫建造一座 350 t/a 的后处理厂（WAW）。1989 年 6 月，德国宣布放弃后处理，WAW 厂建设随之告终。WAK 为西德后处理事业担当了承上启下的使命，对后处理工艺技术和设备进行试验和优化，并培训未来 WAW 商业后处理厂的技术人员。WAK 于 1989 年 6 月后停产，于 1991 年 6 月 30 日正式关闭。在其 20 年的运行过程中，共处理了 208 t 试验堆和动力堆乏燃料。处理产生的 60 m^3 高放废液贮存在场址内的高放废液贮存设施中。2009 年至 2010 年，玻璃固化设施将高放废液全部处理完成，WAK 后处理厂总体分为三部分，包括后处理工艺厂房、高放废液贮存设施（HWL/LAVA）以及玻璃固化设施（VEK）。退役采取策略是立即拆除，1992 年年中开始退役详细规划，目标是达到“绿地状态”，1991 年 12 月 12 日签订退役和拆除的协议。1994 年正式开始拆除。退役共分为六个步骤（见图 4-2），前三步总体包括后处理厂房的拆除退役，步骤 4、5 是玻璃固化设施的拆除退役，第 6 步是整体建筑结构的拆除。目前正在进行第 5 步，即通过远程操作设备拆除高放废液贮存设施和玻璃固化设施，拆除剩余设备并对所有热室和房间完成去污。

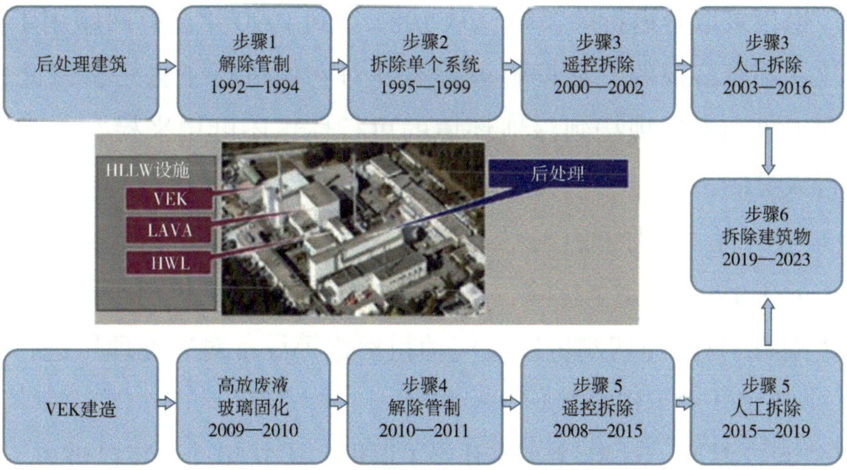

VEK：玻璃固化设备；LAVA：高放废液贮存建筑（两个罐在运转）；HWL：老的高放废液贮存建筑

图 4-2 WAK 后处理厂退役计划

退役工作最大的难点是拆除四个高放废液贮罐。由于高放射性和可达性受限，贮罐拆除只能由远程操作系统和专用机器人进行。HWL/LAVA 贮存设施中的四个贮罐体积分别为 75 m^3（HWL 中的两个贮罐）和 80 m^3（LAVA 中的两个贮罐），质量为 16 t 和 18 t。不锈钢壁的厚度从 10~12 mm 不等。HWL 中的第二个贮罐在排空废液并冲洗去污后，在罐底发现了约 100 kg 的固体残留物，总活度达到 6×10^{16} Bq（Cs 活度为 2×10^{15} Bq）。

目前，WAK 工艺厂房的退役已经取得了重大进展。解控、外围装置拆除和高污染、强放射性工艺设备的远程拆除已经完成。大量拆除和精细去污活动由现场工作人员直接完成。退役工程原定于 2014 年完成，但因退役经费问题，后又改为 2023 年完成。由于新冠疫情的影响，这一计划将再次被推迟。2018 年已完成了对没有残留物的第一个 HWL 贮罐的远程拆除。目前正在拆除 LAVA 的一个贮罐。WAK 后处理厂的拆除工作预计将持续到 2047 年。

4.6 比利时

比利时欧化厂是由经济合作与发展组织的 13 国合资建造的后处理中试厂，位于比利时德塞尔，1966 年投入运行，1974 年关闭，处理过 180 t 天然铀、低浓铀元件和 30 t 高浓铀元件。欧化厂退役终态为向公众无限制开放，于 1989 年开始退役，退役规划至 2002 年，当时预计退役费用为 57. 5 亿法郎，其中 27. 30 亿法郎用于废物管理，实际退役费用、工时和工期都比预算高很多。

欧化厂退役采取延迟拆除策略，从 1987 年到 1990 年已有两座用于存放硝酸铀酰、氧化钚和废溶剂的贮存设施被腾空并对它们进行了去污，以此作为试点项目来证明退役和恢复现场到绿地环境的可行性，还可用来检查技术及费用情况并可进行人员的培训。

从 1990 年开始由有限的工作人员拆除主工艺厂房。

首批单元于 1994 年完全拆除，BelgoProcess 公司使用等离子体弧切割、液压剪切机、金刚石-钢丝绳切割机以及气动粗琢机等设备对后处理厂进行去污和拆除，在 41 个热室开展了退役工作。

到 1998 年 12 月底，对 81 个小室开展了退役，其中 30 个小室已被去污到本底水平，11 个小室的混凝土表面也被去污，其余 40 个小室的构件、部件和物料被取走。

到 2008 年欧化厂主工艺厂房东部部分被拆除，2010 年厂房中部被拆除，剩余部分于 2014 年被拆除。目前场址还在进行退役收尾工作。

4.7 日本

4.7.1 后处理试验设施

日本原子能研究所（JAERI）的后处理试验设施（JRTF）建于1966年，是日本第一个普雷克斯燃料后处理基础研究的试验设施。在1968—1969年JRTF运行并处理了第三号日本研究堆的金属乏燃料。

JRTE于1970年关闭，但部分设施继续开放并用作一些研究工作，包括燃料燃耗比的测量和废液的处理。目前该设施已完成拆除。

4.7.2 东海村后处理厂

东海后处理中试厂由日本原子能研究开发机构（JAEA）管理运营，其设计处理能力为200 t/a，实际能力为90 t/a，于1971年启动建设，1977年试运行，1981年全面投运，但自2006年，该厂所有的商业后处理合同到期，该厂一直专注于研发，包括后处理混合氧化物乏燃料，后处理能力40 t/a。

日本在2011年福岛核事故后颁布了更为严格的安全标准。由于根据新标准对东海村中试厂进行改造所需的费用太高，因此JAEA于2014年宣布永久关闭该厂。该厂共处理了1 000多t乏燃料，包括88 t普贤先进热堆（ATR）乏燃料、644 t沸水堆乏燃料、376 t压水堆乏燃料和9 t日本动力示范堆（JPDR）乏燃料。

2018年6月，日本原子力规制委员会（NRA）批准东海后处理中试厂的退役计划，该厂退役预计耗时约70年，总投资近1万亿日元（90亿美元）；其中10年的准备工作需花费2 170亿日元，约60年的工厂退役和废物处置需花费7 700亿日元。

4.7.3 六个所后处理厂

1993年，日本在北海道青森县六个所建造后处理能力为800 t/a的六个所后处理厂，以法国阿格后处理厂UP3为模板建造，兼顾英国和德国的一些技术，并且尽可能多地使用本国技术设备，以利于日本将来建设自己的后处理设施。六个所后处理厂隶属于日本核燃料有限公司（JNFL），该公司是由日本电力企业出资组建的民营股份制公司，股东包括日本9家电力公司、日本原子力发电有限公司以及其他小股东。六个所后处理厂的客户为上述10家电力企业，这10家企业为乏燃料后处理厂的建设与运行建立了专门的“准备金”。

然而，六个所后处理厂在建设过程中遇到了技术与成本的双重问题，其投运计划不断延后，于2006年3月进行了热试，截至目前仍未投入运行。

参考文献

[1] DOE EM Strategic Vision 2022 Version 220302, energy.gov.

[2] Decommissioning the reprocessing plant in West Valley, New York-IPFM Blog, fissilemalerials.org.

[3] Job done, Sellafield plant safely completes its mission. www.gov.uk.Retrieved [R]. 2022.

[4] JP. Rozain, JG. Nokhamzon, C. Lecomle. French Atomic Energy Commission Decommissioning Programme and Feedback Experience[C].WM Symposia, 2009.

[5] The France's Sixth National Report on Compliance with the Obligations of the Joint Convention on the Safety of Spent Fuel and Radioactive Waste Management [R]. 2017.

[6] The United Kingdom's Sixth National Report on Compliance with the Obligations of the Joint Convention on the Safety of Spent Fuel and Radioactive Waste Management[R]. 2017.

[7] The Germany's Sixth National Report on Compliance with the Obligations of the Joint Convention on the Safety of Spent Fuel Management and Radioactive Waste Management[R]. 2018.

[8] The Japan's Sixth National Report on Compliance with the Obligations of the Joint Convention on the Safety of Spent Fuel Management and Radioactive Waste Management[R]. 2017.

[9] The Russia's Fifxth National Report on Compliance with the Obligationsof the Joint Convention on the Safety of Spent Fuel Management and Radioactive Waste Management[R]. 2017.

第 5 章　核燃料后处理厂退役技术与装备

5.1　概述

对于关闭的反应堆中，活化产物是主要危险，对其退役需要特别考虑这一点，而大多数燃料循环前段设施仅涉及松散的污染，可以用去污方法和常规的拆卸和拆除技术。燃料循环后段设施，尤其是后处理厂，可能存在高放射性区域，因此需要使用远距离操纵设备。在退役期间，采用比在设施的运行期使用的更具腐蚀性的去污方法也是合适的。

后处理厂退役的第一阶段是特性调查，特性调查是通过计算、测量、取样和分析等方法，收集必要的数据。通常是指存在于设施材料内部和表面的放射性核素的种类和数量。特性调查意味着收集数据，其质量和数量根据退役的需要会有所不同。并且随着计划的进展，通常会需要更多、更详细的数据。

在任何拆卸操作开始之前，对装置（管道、泵、热交换器、贮罐等）的一部分进行去污可能是合适的。在其他的场合，部件被送到一个单独的操作区里进行去污。

退役工作的一个主要部分是拆卸，并将污染的设备和材料移走。机械切割、热切割、电热技术、火焰切割和其他多种多样的工艺技术可以应用于工厂设备和建（构）筑物的切割、分离和拆毁。

在退役中考虑远距离操作设备的主要目的是降低对工人的常规和放射性危害。它可以使经证实的技术最优化或自动化，它们使退役工作在更舒适的条件下进行，也可使用遥控机器人系统。遥控操作设备可以应用于恶劣环境下进行的退役工作，例如高放射性水平、人员不可能接近设备的地方、将工人的剂量减至最少以及容易提高机械和重复性操作的效率和工作负荷大的地方。

5.2　特性调查

特性调查包括：初步特性调查、过程中特性调查、放射性废物特性调查、拆除设备和材料的特性调查、场址最终特性调查。每种特性调查的着重点不同，但技术手段是一样的。

在初始特性调查阶段，数据收集一般基于现有资料，包括历史运行文件。它们将用于规划总的退役大纲和退役活动的优先顺序。随着计划的深入，特性调查的目的转移到建立一个涉及设施的物理、化学、放射学情况的原始资料库。这包括通过取样或进行检查来弥补前期调查阶段收集的信息的欠缺。调查可以不断进行以深化初步的细节和估算，包括费用和风险的估算，以及产生废物的估计。此阶段收集的信息常常用作工作和项目决策的技术依据，并对选择首选方案（包括进度安排和人力需求）是有价值的，尤其要注意收集放射性最高区域的照射量信息。在初始计划阶段的最后，特性调查的进一步目的是要提供以前所了解的信息的更多细节，因为需要它们来支持退役项目的工程，例如，对设施进行部分去污还是全部去污、为退役人员准备防护屏蔽、部分设备移出和封堵包容系统。这些决定大部分是基于设施内放射性存量的实际分布，评估采用的去污方法或废物处理工艺是否得到适当的效果。

特性调查需要使用诊断工具对去污和屏蔽进行指导、预报和监测去除放射性的效果，比如是远距离操作还是手动操作、去污和屏蔽的潜在利益等等。普遍使用剂量显像系统、就地无损检测技术、中子计数器、高分辨 γ 能谱仪、α 探测技术、擦拭检测或取样进行直接测量。

α 污染设施的去污和退役成为一个特殊的问题和难点。一个主要的问题是难于确定所有的污染区域，原因在于 α 放射性可能被屏蔽（有时是有意的，如涂漆）。对含 α 放射性的材料，可使用更高探测限的无源探测器来评估从后处理工厂拆卸下来 α 污染废物的处置方法。

针对拆除部件再循环、再利用以及现场有条件或无条件解控的测量系统必须能够检验出拆卸和拆除下来的不同材料的特定同位素活度。必须确定这些材料是否达到规定的清洁解控水平，并且是否可以无条件利用，这也需要使用放射性测量系统。

RadScan Ⓡ 900 是移动式 γ 成像系统（见图 5-1），用于远距离定位和分析 γ 辐射，适用于不同环境的 γ 辐射的测量，包括建筑物表面、热室、手套箱、废物桶和工艺容器。该系统可以自动扫描 γ 辐射的分布和强度，将结果以色块叠加在彩色图像上显示，清楚地显示放射性污染的位置及强度。与其他 γ 成像系统相比，该系统还收集能谱数据，从而识别各个核素。该系统能提供污染源的活度估算值，这些数据可用于形成环境的三维剂量图，给出比活度值（Bq/g），帮助实现废物分拣（例如区分中放废物和低放废物）。

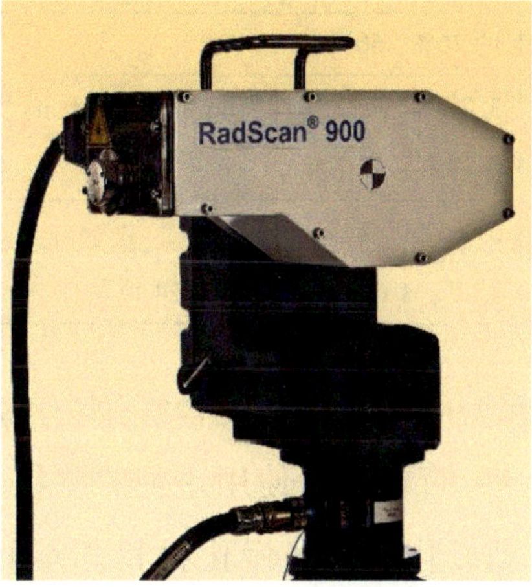

图 5-1　RadScan Ⓡ 900 探头和云台

γ 活度远距离定位和测量能够对维修活动、大修计划的优化和退役策略的实施进行优化。RadScan Ⓡ 900 是核设施退役规划和退役作业的有价值工具。该设备使得清污团队能够在最早阶段确定哪些区域需要屏蔽或去污，使得退役更安全、更具有成本效益。该设备通过确定需要去污的确切位置实现退役过程优化。设备的通用应用包括建筑物表面、热室、燃料池、手套箱内外部、工艺容器、管道和废物的调查。RadScan Ⓡ 900 能够工作在高辐射环境，因此可置于热室和高剂量率环境。该设备在最初的污染普查和后来对去污活动的有效性进行评估方面很有用。在一项作业前、后使用该设备可以判断是否存在污染扩散。该设备能够远距离调查大面积范围，在一张图上显示一个工厂的不同物项和区域，如果需要也可以生成仅包含紧要区域的详细图像。分析该设备的数据得到放射性核素活度的量化信息，一次自动扫描可以确定一个物项的活度。可使用物项的尺寸和重量的已知或估算信息对分析进行优化，得到比活度值。还能够执行类似分析以确定现场的物项是中放废物还是低放废物。RadScan900 主要性能指标见表 5 1。

表 5-1　RadScan Ⓡ 900 主要性能指标

探测限	$<7.4\times10^{3}$ Bq（^{137}Cs，1 m）
	<50 mg（Pu，约 20%^{240}Pu，1 m）
	$<9.25\times10^{4}$ Bq（^{241}Am，1 m）

续表

能量分辨率（FWHM）	约 6%，1 332 keV
	约 9.5%，662 keV
	约 36%，60 keV
工作范围	$3.7\times10^{4}\sim1.85\times10^{10}$ Bq（^{137}Cs，1 m）
剂量率包络	0～500 mSv/h（^{137}Cs）
能量范围	30～1 500 keV
相机	精度：1 024×768 像素，24 位彩色

塞拉菲尔德早在20世纪90年代就在混合氧化物工厂退役中使用退役现场钚存量监测仪（DISPIM），并一直在场址使用这种监测仪。该系统测量热中子，因此需要在探头四周布置大型慢化材料。慢化材料和本底屏蔽部件导致探头组件重约 500 kg。设备进出受空间限制是塞纳菲尔德场址执行钚存量测量的挑战。卡文迪什核公司开发了创新技术来应对这一挑战。该技术称为钚存量测量系统（PHUMS），利用了 Arktis 开发的快中子探头技术的优点。因为测量快中子，因而不再需要中子慢化部件，PHUMS 采用的探头是轻小型的完全集成式探头，易于在设施内的不同位置部署，包括以前不能进入的位置。也可以测量手套箱、容器或废物桶。

PHUMS 探头组件的工作针对"场景"，场景可以是整个设施或者一组物项（例如手套箱组）或者一个物项（例如一个桶）。探头组件置于场景内，测量不同位置的快中子计数率。接着把场景视为离散的区，代表发射中子材料（源项）的可能位置。使用基于粒子群成像（PSIM）分析方法的新颖成群和期望分析法获得源项的图像。结合同位素信息和污染物化学形式的知识使得能够得出整个场景以及场景内各物项（例如各个手套箱）的钚的质量及不确定度估计值。在各测量位置得出中子能谱，此信息可用于指示所存在的物质的化学形式（例如，区分氧化物和氟化物）。卡文迪什核公司开发了根据能谱计算低散射几何形状的 α 值（（α，n）中子与自发裂变中子的比）的方法。如果钚的化学形式未知或可能存在氟化物污染，这种方法特别重要。2015 年，卡文迪什核公司与探头制造商 Arktis 合作，开始快中子探头试验。试验的目的是评估使用该探头代替热中子探头的可行性。如果试验成功，将不再需要慢化部件，探头可集成在比热中子系统更紧凑、更易部署的新系统，这将从原理上消除 α 工厂的进出限制。另一方面，卡文迪什核公司开发了用于 γ 分析的 PSIM 计算方法。显然，将快中子探头技术与该计算方法结合可以产生 α 工厂特定调查创新方法。这些理念最终促成了 PHUMS 系统的开发。2018 年以来，PHUMS 已在英国使用，对污染设施进行特性调查。

5.3 去污

5.3.1 考虑因素

当选择用于系统或设备去污的一项具体技术时，必须考虑以下的要求：

（1）安全

去污方法的应用不应引起由于操作人员的外部污染或是吸入放射性尘埃和气溶胶而导致辐射危害的增加。

（2）效率

去污方法应使表面污染去除到预期的水平，以便手工操作或者允许材料再循环或再利用，或至少使废物的等级下降。

（3）经济效益

如果可能，设备应经去污和维修后再利用。但这样的方法不应使费用的增加超过材料的回收价值，或超过所节省的放射性废物的处理、处置费用。

（4）废物的最小化

去污方法不应产生更多数量的二次废物，而使处理和处置需要更多的能源、费用和存在更多的辐射危害。

应考虑去污是在现场还是在一个隔离的去污区域内进行。所采用的去污技术一般分为腐蚀性的和温和的两种方法。腐蚀性方法的意图是将污染物沿着它的底层除去，去污后，材料可以回收但不能重复使用，因为对它的完整性造成了损害。通常，温和的技术只是将污染物沿着它的表面除去，但多数达不到清洁解控水平。

5.3.2 化学去污

强力的化学去污方法用于系统管道的去污。一般使用酸和/或氧化性溶液（浓度大于 1%），在 50~70 ℃或更高的温度下进行去污。这种方法对金属表面尤其是不锈钢有很高的去污效果。对二次废物的产生和处理要有特殊的考虑。如果去污采用液体循环进行，必须注意要确保系统不被侵蚀。

已证明对后处理厂系统和部件的去污是有效的强化学溶液举例如下：

1）10wt% HNO_3 溶液；

2）5wt% HNO_3~3.3wt%草酸溶液；

3）5wt%NaOH 溶液；

4）5wt% NaOH~2wt%酒石酸溶液。

温和的化学去污溶液可以用在那些需要保护的、准备去污的部件。试剂的浓度通常低于1%。在这些条件下，对污染物下面的金属腐蚀较小，但去污系数不高。试剂需要与污染的部位接触较长的一段时间。如使用离子交换树脂，流出物可以就地进行处理。酸、碱去污后，系统内的酸、碱残留物需要用大量普通水进行冲洗。美国汉福特三氧化铀（UO_3）工厂系统最终清理冲洗中，采用水冲洗直至 pH 接近中性，表明所有的 HNO_3 和盐类达到可接受的低水平，中性溶液最终被煅烧成灰并进行固化处置。

5.3.3 机械去污

机械去污方法也已经成功地应用。有代表性的是刷洗法、干式和湿式研磨料喷射法（固体、冰、CO_2）、含研磨剂高压水喷射法以及撞击设备法。这些源自传统工业的工艺有很高的去污因子。操作持续时间越长，对材料表面的破坏也越大。由于会产生粉尘和水滴，需要考虑对产生的废物进行控制和处理。

比利时欧化后处理厂退役采用自动磨料喷射（丸）去污装置，大大降低了废物处置量。图 5-2 为磨料喷射去污装置，表 5-2 为部分去污效果数据。

图 5-2　比利时欧化后处理厂退役磨料喷射装置

表 5-2 退役产生金属量及使用磨料喷射实现的解控量

时间/年	金属产生量/t	解控金属量/t	占比/%
1989—1994	394	243	62
1995—1999	554	383	69
2000—2004	375	261	70
2005—2009	279	218	78
2010—2013	129	108	84
合计	1730	1212	70

在工艺区除去被污染的混凝土是一件费力、费时的工作。目前采用的方法需要钻孔并使用炸药和裂岩机。如果在混凝土表面设有内置的孔（但要密封并与工艺物质隔开）用于放置炸药等以除去混凝土表层，能使去污得以更加快速、便宜地完成。

5.3.4 其他去污方法

用于一些特殊去污场合的其他方法也得到发展和论证，包括电化学处理、胶糊、凝胶和泡沫去污、可剥离涂料工艺、超声波去污、金属熔炼工艺和其他的物理方法。

（1）电化学处理

可将物件浸泡在电解槽或用一个极板在去污表面上移动，通过电解液流动或不断更新电解液来去污。此工艺只可用于导电的表面，可得到很高的去污因子。这种方法的使用受到以下几个方面的限制：①电解槽的大小（浸泡法）；②物件表面的几何形状和需处理部分的可接近性（极板法）。人工搬运用极板法处理的零部件时会导致个人的放射性照射。

（2）胶糊、凝胶和泡沫去污

使用的化学试剂不再是液体而是胶糊、凝胶或泡沫。其好处是化学反应的结果较好（例如，涂一遍凝胶试剂就能达到饱和，泡沫对裂缝和裂纹有很好的渗透性）。这个工艺也可使产生的流出物最小化。另一方面，络合剂的比例和使用量或涂抹的速度必须正确调节：太少要重新开始，太多会导致腐蚀。因此，应用喷涂泡沫和胶糊的系统一般为自动操作系统，它们对垂直的墙面或顶棚有很好的效果。如果被去污的容积很大，并且部分还有复杂的形状并伴有裂缝、裂纹，为了快速填充容积，在采用泡沫去污时用压力促进试剂的浸透是重要的。

（3）可剥离涂料

先把涂料喷到被去污的表面上，吸附污染物，待干燥后把涂膜剥离掉。把它用在光滑的塑料或金属表面，可得到高的去污因子，如用在砖或粗糙的混凝土表面，去污系数很低。重要的是选择适应表面的涂料，否则可能很难剥离。这种工艺很适合在没有弥散的松散污染的情况下使用，一个潜在的优点是只产生固体废物。

（4）超声波去污

将超声波与不同的试剂联合用于去污是一种有效的技术。这种工艺在传统工业上被用于部件的清洗，也可以用于核工业。它受所使用的超声水槽的尺寸和换能器功率的限制。因此对于大型构件的去污可能是不切实际的。

（5）金属熔炼

使用不同类型熔炉的金属熔炼有一个特别的好处是在熔炼过程中大量的放射性核素在钢锭、炉渣和过滤灰尘之间重新分配，因此原来的材料得到了去污。当需要解控有复杂几何形状的设备，用简化的监测程序进行放射性金属的特性鉴定时，熔炼是一个基本的步骤。

除了去污的效果之外，熔炼还可以消除表面难于接近的问题，残留的放射性成分均匀分布在整个的钢锭中。熔炼可以作为有复杂几何形状的设备去污和解控的最后步骤。它应在这些设备已经采用其他方法将放射性核素如 ^{60}Co 除去之后才能进行，因为这些核素在熔炼之后仍留在钢锭里。

（6）冰清管去污

在核行业，在不少情况下需要清除、清洗封闭系统（管槽、管道）的沉淀和放射性污染，但是传统的冲洗法会产生大量放射性废液。水流冲洗对壁的剪切并不能移除密集沉淀。常规的机械清管器可以通过类似压缩空气和水等驱动媒介进入管道中，可以对壁产生高剪切力，但在管道尺寸发生变化的位置很容易被卡住，这种方法最适合直管道。于是，英国塞拉菲尔德在这种方法的基础上开发冰清管的方法。研究人员发现，含冰量高的浆料因其粘度较高，可以提高剪切率，同时不对管壁造成损伤，也能在管壁上生成一层润滑膜。冰清管对管壁施加的剪切率是同样流速的普通水的 1 000 倍。冰清管可以适应不同的结构和不同的管道，以及细小的缝隙。最简单以及最合适的浆料是将水冻结变成由小冰晶和冷水构成的含冰量高的均质混合物。这种方法对环境十分友好，因其只含水和防冻剂，所以可在核退役技术中应用。一般采用氯化钠做防冻剂，而在后处理退役领域可采用硝酸钾做防冻剂。根据塞拉菲尔德进行的试验，该技术有望在核设施运行、运行后清理和退役中应用。

（7）其他物理方法

其他方法是基于物理效应，比如蒸发、用真空抽吸或振动去除颗粒。最普遍的是用水或蒸汽的喷射、无研磨剂中压水射流和火焰燃烧。喷射去污可能引起污染扩散，这限制了该方法在贮罐、管道和特殊热室内使用。由于不加入化学试剂，喷射产生的大量流出物很容易处理。中压水射流法同样如此。

5.4 拆卸、切割和包装

5.4.1 拆卸

在燃料循环设施中，工艺设备包括隔板、转换器、冷却器、压缩机、电机、管道和电缆。它们含有很多的铁、铝、铜和镍。并且，当这些装置在建造的时候，石棉和多氯联苯（PCB）材料作为阻燃物广泛地用于绝缘材料和电气设备。这些工艺设备的内表面被铀化合物污染、吸附和沉积，多数设备的外表面以及厂房的内墙和地面的污染水平高于无条件解控的水平。

而 α 污染设施的拆卸存在一些特殊问题，比如：

（1）它的高放射毒性需要特殊的方法来包容其放射性，并需增强对工作人员的防护以防内部和外部的污染；

（2）裂变材料的存在，要求确保核临界安全；

（3）需要确保有足够的废物特性调查，以减少废物的处理和处置的费用。

在核设施的一些区域内，相对低的辐射水平允许频繁地直接接近设备，而操作人员不会受污染的侵害。而在设施的其他区域，工厂的各种物项和设备可能污染严重，以致在某些特殊区域禁止人员接近，只适宜使用远距离控制的机械设备。

拆卸方法的选择应基于下述主要因素：放射学准则、适用设备的可获得性和可接受性、对问题的了解程度、可用时间和所提议的方案的经济效益。从放射学的观点，要确保符合 ALARA 原则。这可通过下列一种或几种行为来实现：限制人员受照时间（如提高操作效率）、增加与辐射源之间的距离、提供屏蔽保护。对于手工安装但要远距离操作的设备，必须明白：设备的固定、维护和移动将要求工作人员在辐射区内操作。当选择拆卸工具时，尤其是在后处理厂，特别要注意不仅要考虑拆卸和减容的要求，而且要考虑与之相关的通风和观察系统。

5.4.2 切割

机械切割、热切割、电热技术、火焰切割和其他多种多样的工艺技术可以应用于工厂设备和建（构）筑物的切割、分离和拆毁。其中的一些可以在设备所在处就地完成；而其他则更适于集中在一个工作区内完成。这对准备移走的主要设备来说，可能更好，然后在一个地方更大、危险性较少的工作区内将其拆除。无论如何，必须考虑避免污染的扩散，如采用适当的密封、外覆盖物或其他保护措施，或者使用通风和过滤系统。一些密封材料和建筑物材料含有易燃、易爆材料，所以在使用会产生火花或摩擦的工具时，应采取防止燃烧或爆炸的预防措施。

此外，机具的使用不应有失去控制的危险。例如，灰尘、颗粒、烟雾或气溶胶的扩散可通过使用附加的通风和过滤系统进行控制，以便使正常的建筑物通风系统不受影响。这些附加的通风系统包括移动式通风设备和自清洁过滤器。较大的装置可将真空泵、旋风除尘器、自清洁预过滤器和绝对过滤器合为一体。必须限制液体流出物的产生，并应适应现有的废物处理设施的能力。

最常用的技术已有广泛的描述和讨论，它们包括：

（1）机械切割工具

1）剪板机和剪切机；

2）机械锯；

3）环形切割机；

4）砂轮切割机；

5）金刚石丝；

6）用于金属和混凝土切割的金刚石片切割机；

7）爆炸切割；

8）取芯/滚压钻孔机。

（2）热切割工具

1）等离子体弧切割；

2）氧气切割；

3）火焰切割；

4）热反应切割；

5）放电切割；

6）电弧锯。

（3）其他切割技术

1）带研磨剂的水喷射切割；

2）无研磨剂的超高压水切割。

每种工具有他自己的性能极限、操作条件和应用范围，应按照实际情况进行选择。

5.4.3 包装和运输

不论切割是在工作现场进行，还是把主要部件运出工作区，在集中的装置里进行切割，污染的材料必须作为废物运出工作区，以防止在工作场所内污染的扩散。

在任何退役工程中产生的污染材料的类型和数量随现场不同而不同。在退役计划中，废物的包装和运输部分的主要考虑因素是价格、后勤服务以及与环境和事故危险相关的规章。

运输/包装的后勤服务在选择拆卸设备和确定尺寸方面以及选择处理和贮存设施方面起着至关重要的作用。容器也是运输（经常为200 L钢桶或混凝土箱）、后勤服务中的一个主要部分。运输容器可以有多种功能，可以用于以下一个或多个场合：贮存接受容器、运输包装、运输工具的一个主要部分、废物包装。

5.5 远距离操作设备与技术

5.5.1 主要考虑

编制去污和拆卸阶段的计划时，可以从以下三个方面考虑：

（1）只用手工操作；

（2）远距离—人工混合操作的情况，从人工操作的遥控设备到由遥控站操作的遥控设备；

（3）完全遥控操作。

从实用的观点出发，当选择遥控设备时，必须要满足下列条件：设备必须安全，且容易安装；设备必须容易去污，所产生的二次废物量限制在可接受的水平；对于工人来说，设备必须在可接受的剂量水平下易于维修。

影响选择远距离操作设备的其他特殊情况包括：一般的技术、经济原因，如已经拥有遥控操作设备和现场受过适当培训的队伍，可能会促使作出使用远距离操作的决定（特别对那些由于设施运行的需要，通常已安装有远距离操作设备的非反应堆核设施）；在剩余的工作可用手工操作前采用远距离作业，可以使工作效率获得显著的提高。

在人员无法接近的地方，遥控系统可以由下列几部分组成：操纵工具用的遥控机械手；转运工具，如车辆，或者将机械手的随动手臂带入工作区的机械展开系统；贯穿系统，使转运工具和手臂可以进人工作区，同时能维持其密封；转运系统，将工具或废物送入或移出工作区。

5.5.2 激光蛇形臂机器人

英国塞拉菲尔德第一代后处理厂（FGRP，B204）始建于20世纪50年代，用于对早期反应堆的乏燃料（金属铀燃料）进行后处理，在其退役过程中，高放环境不适于人类进入，为了减少人体吸收的剂量，现在中放环境中也需要用远距离器械，所以工作人员结合非核领域远程操作经验开发了一种将多项蛇形臂机器人技术与激光切割创新结合的蛇形臂机器人（见图5-3），激光蛇形臂机器人项目是英国的多部门协作项目，在2016年7月首次成功应用于英国塞拉菲

图5-3　激光切割蛇形臂机器人系统

尔德的 B204 后处理厂退役中。在这个过程中，它主要用于放射性热室中一个双层溶解器的减容，它具有普通蛇形臂机器人的灵活和柔韧，还配有大功率、退役专用激光切割，以及升降和操纵工具。

该机器人由钢缆驱动，由 OC 机器人公司专利软件控制。在核行业，通常通过厚屏蔽层进入热室，考虑到这一点，该机器人的刚性部分与柔性臂构成一个整体。蛇形臂长度为 4.5 m，刚性基座的长度为 2 m，每个关节具有 2 个自由度，有效载荷 20 kg。机器人设置了整体包容系统（见图 5-4），特别适用于中小型工艺热室，配备高分辨率相机和大功率照明 LED 灯。这种机械手可在密闭空间中精准切割，也可以灵活移动。配备的工具可以更换，所以这种机械手还可以携带钳子、环境定位传感器和其他有利于退役的工具。设计了两个退役专用激光切割头，一个水冷，一个气冷。

图 5-4　蛇形臂机器人包容体

这种机器人还可以用于航天、建筑和石油化学领域，但它尤其适用于核领域，因为灵敏的电子器件的放置地点远离潜在污染和辐射，直接暴露于辐射环境中的只有蛇形臂。

本次退役中的混凝土热室内部尺寸约为 3 m×4 m，壁厚 1.5 m。该机器人通过密封的主墙体上一个直径 300 mm 的小孔安装。溶解器重量约 5.5 t，直径 1.3 m，大部分部位是双层结构，外层厚 12 mm，内层厚 32 mm，内外层之间有一层空气层，厚 40 mm。该容器事前已经用钻石链锯切成了三个部分，横放在带轮的架子上。这三个部分被切成了重量不超过 20 kg 的约 175 块，切割深度最高可达 60 mm。

图 5-5 为蛇形臂机器人系统部署情况，表 5-3 为实际切割参数。

表 5-3　激光切割蛇形臂机器人效率

参数	数值
项目时间	120 h
切割时间	45 h
总切割长度	66 m
平均切割速度	80 mm/min
切割厚度	12 mm，32 mm，75 mm 不锈钢

图 5-5　蛇形臂机器人系统在第一代后处理厂内的部署情况

5.5.3　主从机械手

WAK 后处理厂退役总体技术方案包括对高放废液贮存与处理设施（LAVA）的高污染工艺设备进行远距离拆除。WAK 退役分为相对独立的 6 个阶段。第 5 阶段的工作内容之一是对 LAVA 厂房的 3 个高污染热室（L3，L4，L5）进行远距离拆除。

远距离拆除采用先进的远距离操作设备。该设备使用具有力反射的电动主从机械手系统（EMSM）（德国制造商 HWM 生产的 TELBOT TB 1000），机械手系统与运载系统相连。图 5-6 显示放在拆除区域台架上的整个运载系统（红色）及附属吊车（蓝色）。图 5-7 为使用电动主从机械手对 L4 热室进行远距离拆除开始时的情形。

在此过程中，需要注意不让高放废物运输管道内的高放物质污染其他轻微污染部件。远程操作团队应至少包括 3 个操作人员，一个负责电动机械手系统，一个负责吊车和运输系统；另一个负责相机之类的子系统和其他工具，这样才能保证整个系统的效率。总体上说，最少需要两个相机视角对远程操作进行跟踪，与吊车相连的废物桶应保持在操作部位附近以盛装所拆除部件。

图 5-6 运载系统及操纵器

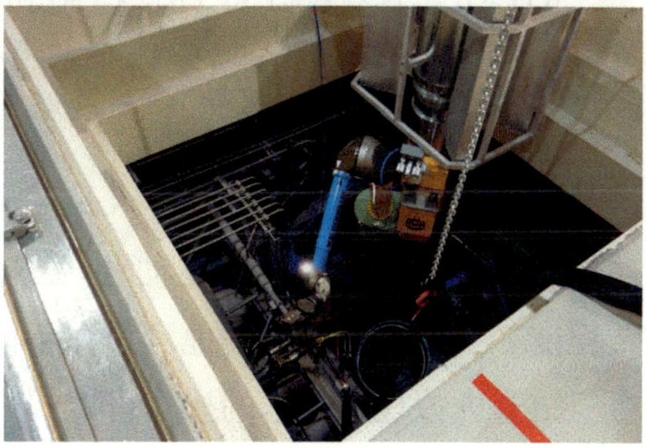

图 5-7 电动主从机械手操作

TELBOT ®是多功能、模块化的自动化机械手系统（见图 5-8），具有很多特点：臂上无电缆可以实现快速和准确的手臂动作，效率高，操作舒适；密封的手臂和关节确保了最强的耐辐射能力，使其成为核行业的最佳帮手。TELBOT 机械手具有高负荷能力、高度灵活性的特点，适合于在危险环境下执行难度大的作业。其主要规格包括：负荷能力可达 100 kg；自由度可达 8 个；臂长 1~7 m。可选用的控制系统包括：控制台；JOYARM（操作杆和主动臂合二为一）；主动臂；虚拟现实。

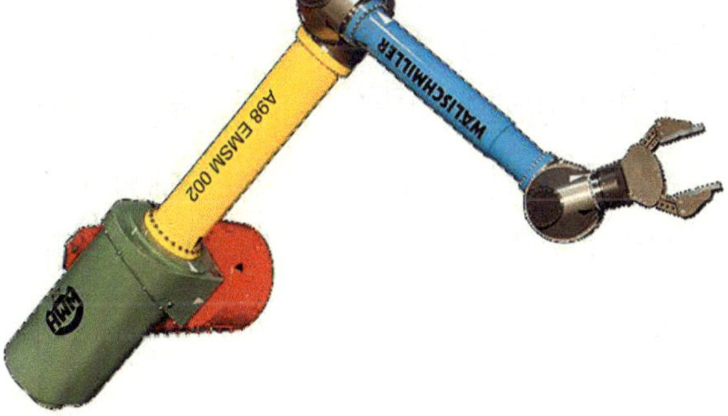

图 5-8 TELBOT ®多功能自动化机械手

控制台是机械手与操作员之间的标准接口。机械手的全部主要部件在控制台显示以方便操作。每个旋转开关对应一项功能。在控制台显示故障和限位开关以提供操作信息。各轴可以独立动作，通过连续调节的旋转开关可以变速。

JOYARM 具有操作杆直觉控制和主动臂控制的优点，因此其工作精度高，且操作简单、快捷，JOYARM 的另一个优点是操作员通过一个设备即可在操作杆控制和主动臂控制之间切换。

主动臂的目的是减轻操作人员的心理和生理工作强度。就像操作车辆一样，操作人员可以凭直觉操作主动臂。工作臂和操作臂的无限旋转降低了操作的复杂程度。工作臂可以容易地定位在不同位置并回到起始位置。

结合虚拟现实技术的操作可以提高安全和精度并节省成本。

5.5.4 液压机械手

法国马库尔场址 UP1 溶解车间退役时，CEA 找到了 ONET 技术公司，设计了一个工具，该工具包括两个子系统，一个是负责远程操纵和切割的“MAESTRO”机械手，另一个是废物回收和整备装置，还包括其他创新技术。另外，在设计阶段，还使用了“沉浸式虚拟现实”方法量化最终环境和初步退役场景中的运动学。MAESTRO 机械手是一个 6 轴水力机械手，具有抗辐射，高载荷的特点。机械手末端还有一个换刀装置，可以连接不同工具，使得电源线路通过机械臂实现，减少了使用外部电线的需求。它的切割方式主要是激光切割，可以短时间内切割厚度超过 40 mm 的不锈钢，包含 6 个轴的旋转传动机构及其配件主要由钛制成，可以提供类似 5 kW 液压研磨机的切割力度。切割机械手持有人还配有一个长距离伸缩杆以延长操作距离。该机械手可以两种模式工作：自动模式（预设操作和轨迹）和力反馈远距离操作模式。该装置的使用还配有监控软件，以便工作人员掌握实时信息。废物回收整备装置包括必需的放射性测量装置，对废物进行特性调查，负责将切割好的废物运出热室，废物可以直接被送到废物贮存中心。操作人员可使用 TAO 先进控制系统在设施外的控制单元内远程控制这两个装置。

5.6 废物回取整备

在核燃料后处理厂退役过程中，需要转移、回取和输送放射性废物。需要回取的放射性废物既包括固体废物，也包括液体废物。高放废液贮罐内上清液的输送通常容易实现，但底部沉积物（泥浆）的回取在工程和技术上的挑战很大。此外，一些遗留固体废物的回取难度也颇大。

5.6.1 固体废物回取

需要对旧贮存和处置设施中的废物进行回取和重新整备的原因有很多，包括安全原因、技术与财政原因以及立法与公众观念原因。安全方面的主要原因包括：(1) 发现或认识到可能导致不期望出现的安全、环境或放射性影响的实际存在或潜在的问题（例如污染物渗透到地下水或设施即将发生结构故障）；(2) 废物包装或设施结构某种程度上的降级，可能危及设施目前或将来的安全；(3) 废物体的性能达不到先前的安全分析的预期；(4) 对于先前以未整备状态贮存的废物执行整备计划。

回取设备的具体设计通常因实际情况而异，且受到许多因素的影响，包括废物体积、放射性和其他危害、单个废物块的尺寸和重量、废物包的状况。在回取系统设计和运行过程中，一个人在无外力帮助下允许提起的最大重量（通常为 15~20 kg）、在特定环境下（如避免热应力）一个人允许的最长工作时间、辐射剂量限值等，通常都会受到管理或其他方面的限制（如工会合同）。所有这些因素都需在回取系统的设计与运行中加以考虑。

对于回取未整备过的低放废物，可用简单的工业设备，例如反铲挖土机、遥控蚌壳式挖掘机（见图 5-9）、叉车、小型移动吊车和类似设备。为了回取中放废物，可能需要更为复杂的遥控或屏蔽设备（见图 5-10），可能包括机器人手臂、屏蔽转运罐、长臂吊车、远程抓取设备与类似设备。

图 5-9 遥控挖掘机

图 5-10 采用定制机械手从贮存库里移走废物

回取各类废物的常用方法见表 5-4。

表 5-4 回取废物的常用方法

废物种类	所采用的常用设备	说明
松散的低放废物，低剂量率	手工移除，蚌壳式铲斗，小型吊车	在回取场址可能会进行一些初始特性鉴定与废物分拣（如几个接收容器，通过颜色代码或者编号加以标识，用于对废物进行分类）；通常把废物放置在容器里，该容器适合转运到临时贮存或中转区进行进一步分拣、特性鉴定、处理等
完好地保持在容器里的废物	吊车、叉车	根据原始容器的状况，将其放入二次容器或进行二次包装，然后转运到临时贮存或中转区
较高剂量率废物	遥控吊车（所需容量取决于屏蔽包装的尺寸与重量）、客户定制的机器人、遥控抓斗、屏蔽容器	通常远程回取废物，并立即放入屏蔽容器或屏蔽罐体，转运到临时贮存或中转区；高剂量率废物的回取通常要求进行周密的计划，避免人员受辐射
之前在原地整备的废物	利用切割设备，如金刚石锯、手提钻移走整备基体中的废物，或将独块废物切割成可用吊车起吊的碎块	必须特别小心，使割穿废密封源、装有未整备的流动废物（诸如离子交换树脂和泥浆之类）的容器的风险最小化；根据剂量率，可能需要采用远程操作设备。若采用混凝土用作整备基体，当移走混凝土（屏蔽）时，剂量率可能迅速增高；破碎基体或在基体切割和移除期间切穿离散废物项，可能会导致高放水平的松散或气溶胶污染
回填的沙子、土壤与砾石	小型的挖掘机或铲子、真空设备	通常检验移走的土壤物质的平均污染水平或总污染水平（可单独移走并管理热点）；在移除期间辐射水平可能增加；移走的物质可储存起来日后场区修复时作回填之用
液体	泵入便携式箱体，根据要吸取的液体以及移除的位置（如悬浮固体，低吸口）选择合适的泵	可将水收集在贮存或处置室内；这种水很可能已污染，需要转运到放射性液体废物处理设施；这种水也可能是液体、有机液、悬浮固体与泥浆的多相混合物

5.6.2 高放贮罐泥浆回取

多数贮罐内的泥浆回取前都需要先使泥浆流动起来，悬浮在液体中，然后利用泵送出。贮罐内残留放射性泥浆的回取技术大致可分为两类，分别是物理技术与化学技术。其中，物理技术应用更为普遍。

物理技术包括结合使用以下几种技术，如高压水冲洗、真空回取、机械法。所有残留废物回取的物理技术都需要部署技术，主要是机械臂。

化学技术是通过添加化学试剂使泥浆溶解，主要是草酸溶解法。草酸溶液是溶解泥浆固体颗粒物的有效试剂，但其具有两个显著缺点：一是，残留泥浆中含有足够量的裂变材料，可能会产生临界安全问题；二是，草酸会使下游工艺复杂化。若冲洗泥浆前加入草酸，草酸会蒸发且可能会在进料罐内沉淀；若在含盐贮罐内添加草酸，会沉淀并形成坚硬的盐层，需要添加额外的水进行清除。此外，草酸的成本较高。

贮罐内残留放射性泥浆废物回取技术及应用举例见表 5-5。

表 5-5 贮罐内残留放射性泥浆回取技术

技术类型	技术名称	技术说明	部署工具	技术优缺点	应用场址
物理技术	水力冲洗	加压水冲洗应用最普遍，包括低压（<1 000 psi）、中等压力（1 000~3 000 psi）、高压（>3 000 psi）	泥浆泵、Flygt 混合器、叶片式搅拌器、先进混合泵、（双向）冲洗器、定向喷嘴冲洗系统、高压水枪冲洗等	可循环利用贮罐内的上清液或其他内部再循环系统，大大降低补给水量，破碎坚硬废物效果佳，但耗费大量人力，且需要小心作业以防止放射性泄漏到环境	萨凡纳河、汉福特、爱达荷、橡树岭
物理技术	真空回取	适用于已泄漏或具有泄漏风险的贮罐	真空回取系统（由真空头、真空泵、泥浆容器、泥浆输送泵组成）；可移动回取系统（由真空回取装置与远距离贮罐内运载工具组成）	适用于无法使用大量水的情况，需结合使用少量液流	汉福特
物理技术	机械回取	适用于破碎固体沉积物或在无需额外添加水的情况下移动废物	利用遥控研磨或刮擦工具或推进器	回取效率较高，但要求装置能够靠近沉积物，且耗费人力大	汉福特
物理技术	先进机械回取	适用于大量废物与残留废物回取	动力流体技术（两个或多个喷嘴）、脉冲混合泵（反向流动转向装置）	贮罐内无需部署机械装置，水利用效率更高	汉福特、萨凡纳河、俄罗斯

续表

技术类型	技术名称	技术说明	部署工具	技术优缺点	应用场址
化学技术	草酸溶解	利用草酸溶液溶解难以溶解或位于冲洗死角的放射性物质（泥浆），泥浆溶解后易于采用泵送方式回取	改良式冲洗与草酸溶解	溶解泥浆固体颗粒物的效果佳，但若残留泥浆中含有足够量的裂变材料，可能会产生临界安全问题，也会使下游工艺复杂化，若冲洗泥浆前加入草酸，草酸会蒸发并可能会在进料罐内沉淀；若在含盐贮罐内添加草酸，会沉淀并形成坚硬的盐层，需额外添加水进行清除，成本较高	汉福特、萨凡纳河
部署技术	机械臂	机械臂从贮罐立管插入，携带并操作回取装置	用于部署冲洗装置、机械装置、废物移动和收集装置	经论证的可用技术，可到达无障碍或少障碍贮罐内的任意位置，臂的提升力有限，需要仔细的手动控制，操作会受到贮罐内部结构的阻碍，且与简单的混合与泵送装置相比，耗时长	橡树岭、萨凡纳河、汉福特
	系绳装置	利用这类工具在地下贮罐罐底部署各种工具	部署的工具用于清洗内表面，通过水力或机械方式破碎固体沉积物	能够到达机械臂不能到达的贮罐表面，能够在机械臂所能到达的范围之外部署相对重型的工具。罐内系绳装置的缺点与关节臂类似：需要熟练人员的精心控制，装置所配置的电子部件和传感器的维护复杂；在有内部结构（例如冷却盘管）的罐内操作复杂	

5.6.3 高放贮罐原地灌浆

美国能源部萨凡纳场址对高放废液贮罐采取原地关闭的策略，也就是原地退役的策略，这是一种长期管理策略，不打算在未来对贮罐进行拆除（尽管并不排除后代挖掘、拆除贮罐的可能性）。

将贮罐清洗达标后，需进行灌浆，最终关闭贮罐。1997 年，萨凡纳河场址的 17 号和 20 号贮罐排空后，浇注 3 层水泥浆进行封闭。浇注底部第一层高强度的还原性灌浆料直接与废物接触，其作用是固定核素并且作为工程屏障。中间是用一种强度可控低强度材料（CLSM）填充贮罐的大部分空间，最后是一层高强度 2 000 psi 的灌浆料作为贮罐顶部的入侵屏障。中间层的强度较低，但是厚度最大。最上层硬度较大，作用是防止下层被入侵。图 5-11 为萨凡纳河场址高放贮罐关闭典型灌浆方式。

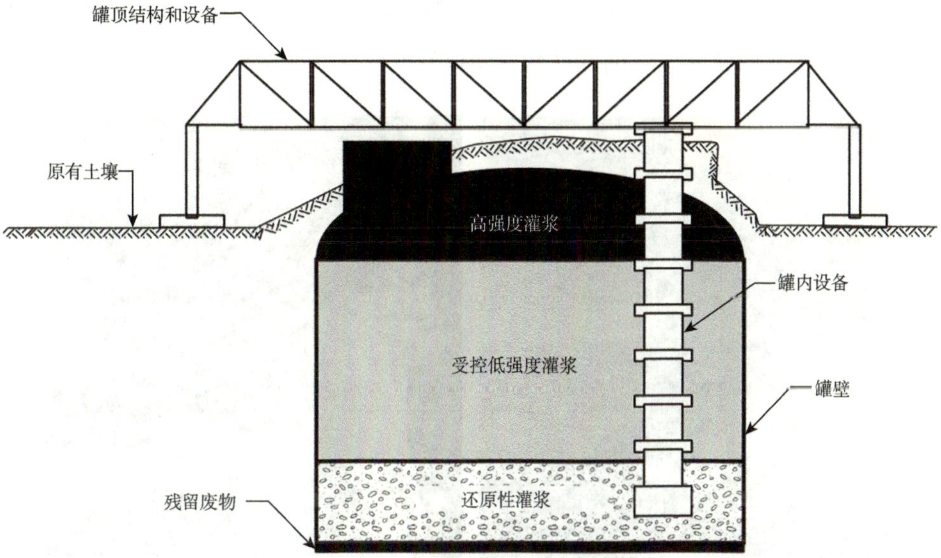

图 5-11 萨凡纳河场址高放贮罐典型灌浆方式示意

由于贮罐底部有死角，企图将底部废物与水泥浆混合很困难，在浇注排空废物后的 17 号和 20 号贮罐时，首先在贮罐底部的最外围浇注水泥浆，将底部废物挤到罐底中间，之后逐渐浇注，贮罐底部的不溶废物包含锕系核素，随着水泥浆的不断浇注，底物中的水向上移动，水中包含溶解度大的核素如 Tc 等，这些核素被中间层的干水泥所吸附，干水泥上面再浇注水泥，以形成一层致密的防水层。最后，再浇注一层高强度水泥。

5.7 数字化技术

数字化、人工智能等新兴技术在核设施退役中的应用不断发展。CEA 开发了多种虚拟现实软件和硬件，并且实现了应用。马库尔后处理中试厂（APM）辐照燃料溶解后液体处理热室（414 热室）退役设计就使用过虚拟现实技术。首先要建立 3D 模型，因为设施内部 2D 图纸不能满足准确模拟最新的环境状况的要求，因此使用摄影制图法。使用远程控制相机多角度拍摄整个设施，再通过半自动流程建立一个适用于 CAD 或其他建模软件的 3D 模型。3D 建模大约需要 200 张照片，仅对内部进行了这种方式的建模。利用建造图纸对包含 414 热室的建筑物进行了建模。通过 3DSMax 软件将 2 个模型合成为一个完整的 3D 模型，从图 5-12 可以看出 3D 模拟非常接近真实。将这个模型导入虚拟现实软件中，结合机械手的各项信息，提供虚拟现实体验。通过计算机数据模拟的工作环境可以提供准确的数据，以帮助核公司更好地了解设施构造及其限制并将它们可视化，进而可以对方案进行测试和训练操作人员。本例中，就是用虚拟现实模拟了切割场景，切割轨道，切割时长等信息。

图 5-12　真实照片（左）与 3D 图（右）的对比

5.8　核设施退役技术研发趋势

尽管退役技术总体上满足核设施退役需求，但很显然，对更好的更有效的退役技术的研发需求是巨大的。根据经济合作与开发组织核能机构（OECD-NEA）的报告，核工业未能充分利用现有的技术能力，通常依赖过时的技术执行退役任务。全球退役多使用人工操作，要实现需要的高安全水平，就要求采用大量的人员防护措施、工程控制以及昂贵、效率低的详细工作计划和监控，尽管这种方法很普遍，但其效率显然不及使用遥控机器人结合现有技术的方法。退役技术研发的一个趋势是发展模块化、自动化的应用范围广的技术。重点发展的技术包括以下方面。

在拆除前特性调查方面，主要有三个方向与后处理设施退役的特性调查特别相关。一是开发地球统计模型及应用，将其与传统统计模型、应用结合，对系统、结构、部件（SSC）、环境和活化材料的污染物调查进行优化。二是发展不经溶解对固体样品所含难测核素的探测和量化分析能力。纯 β 发射体核素（如：^{3}H、^{14}C、^{36}Cl、^{90}Sr）和 α 发射体核素（如：^{239}Pu、^{240}Pu、^{241}Am、^{242}Cm、^{243}Cm）的量化分析在不经样品制备的情况下通常是不可能的，样品制备包括化学萃取或分离，涉及诸如燃烧、蒸馏、沉淀和离子交换等过程。因此，开发能够原地或不经样品溶解对难测核素进行量化的分析技术是有需求的。三是开发增强建筑结构拆除前 α 污染调查的新技术、产品和方法。

在去污和修复方面，开发就地（拆卸前）和场外（拆卸后、拆除后）超铀去污工艺。英国核退役管理局在研发适用于后处理厂管道去污的冰清管技术。将各种去污技术（例如，激光去污）与机器人结合是一种发展方向，增强机器人使用各种工具的能力值得关注。

图 5-13　西谷示范工程退役所用机械臂

在切割与拆除方面，远距离操作技术与已有切割技术的结合可提高效率。在西谷示范工程退役中，西谷环境服务公司与 Nuvision 工程公司签订了合同，设计了一个机械臂，用来进入化学处理热室，切割和移出大量直径为 5~20 cm 的管道以及厚度为 20 cm 的结构钢材。该机械臂配备了一台用于 5 cm 管道的机械剪切机、一台用于 15 cm 管道的带锯和一台用于结构钢材的圆锯。机械臂设计为在完全伸展时可举起 112 kg 重的物体。该机械臂还可以通过拆卸螺栓移动大罐。机械臂还可配置一个遥控扳手（见图 5-13）。机械臂的性能超出了预期，也避免了直接拆除所导致的操作人员照射。

参考文献

[1] IAEA. Decommissioning of Nuclear Facilities Other than Reactors: Technical Report Series No. 386[R]. 1998.

[2] Frédéric CHAMBON, Adapting Dismantling and Decommissioning Strategies to a

Variety of Nuclear Fuel Cycle Facilities [C]. in Proceeding of waste Management, 2012:12237.

[3] Jean-Michel Chabeuf, La Hague Legacy Waste Recovery Program: Scope, Progress and Issues [A]in Proceeding of waste Management 2012, 12080.

[4] Grégoire LEMIERE, et al. Retrieval and Conditioning of Legacy Radioactive Sludge from the Effluent Treatment Facility at La Hague Plant 2014, 14456.

[5] UK Department for Business, Energy & Industrial Strategy, The United Kingdom's Sixth National Report on Compliance with the Obligations of the Joint Convention on the Safety of Spent Fuel and Radioactive Waste Management (2017).

[6] Federal Ministry for the Environment, Nature Conservation, Building Nuclear Safety, Joint Convention on the Safety of Spent Fuel Management and on the Safety of Radioactive Waste Management, Report of the Federal Republic of Germany for the Sixth Review Meeting in May 2018.

[7] 国际原子能机构. 核燃料循环设施的安全:SSR-4[S]. 2018.

[8] IAEA, DECOMMISSIONING STRATEGIES FOR FACILITIES USING RADIOACTIVE MATERIAL[R]. 2007.

[9] IAEA, GSR Part 6, Decommissioning of Facilities[S]. 2014.

[10] IAEA, SSG-42, Safety of Nuclear Fuel Reprocessing Facilities[S]. 2017.

[11] IAEA, SSG-41, Predisposal Management of Radioactive Waste from Nuclear Fuel Cycle Facilities[S]. 2016.

[12] IAEA, SSG-47, Decommissioning of Nuclear Power Plants, Research Reactors and Other Nuclear Fuel Cycle Facilities[S]. 2018.

[13] S. J. Phillips, M. Phillips & et al. Grout Isolation and Stabilization of Structures and Materials within Nuclear Facilities at the U. S. Department of Energy, Hanford Site, Summary [A]. in Proceedings of WM 2012 Conference, 2012, Arizona, USA.

[14] K.J. Birringer, J. Fleisch, & et al. Concept for Dismantling the HLLW Treatment Facility on the Former WAK Reprocessing Site [A]. in WM'07 Conference, 2007, Arizona, USA.

[15] R. Walthery, R. Gilis & et al. Experience and developments from decommis-

sioning of the Former Eurochemic Reprocessing Plant Belgium [A]. in Proceedings of WM'05 Conference, 2005, Arizona, USA.

[16] Volker Engelbrecht, Daniel Friedrich, Klaus-Dieter Krug. Dismantling of HLLW Process Installations of the German Reprocessing Facility (WAK)-Progress and first Experiences in Hot Application of Remote Techniques [A]. in WM 2015 Conference, 2015, Arizona, USA.

[17] Maxime Michel-Noel, Olivier Calixte, Cyril Moitrier et al, Advanced Dismantling Techniques Applied in an Industrial Project for the Dismantling of Highly Activated Equipment[A]. in Proceedings of WM2015 Conference, March 15-19, 2015, Phoenix, Arizona, USA.

[18] Adam Mallion, Craig Wilson, Rebecca Smith et al, LaserSnake2: An Innovative Approach to Nuclear Decommissioning [A]. in Proceedings of WM2017 Conference, March 5-9, 2017, Phoenix, Arizona, USA.

[19] Hubert Hafen, Jean-Michel Wagner and Kenji Hara, Decommissioning Experience at Rokkasho; Standing Type Manipulator: A1000S for Dismantling Tasks [A]. in Proceedings of WM2016 Conference, March 6-10, 2016, Phoenix, Arizona, USA.

[20] Alex Jenkins, Joe Quarini, Dan McBryde, The Development and Initial Testing of the Ice Pig Cleaning Method for Nuclear Reprocessing Plants [A]. in Proceedings of WM2015 Conference, March 15-19, 2015, Phoenix, Arizona, USA.

[21] OECD/NEA. Nuclear Site Remediation and Restoration during Decommissioning of Nuclear Installations, Radioactive Waste Management[R]. 2014.

[22] M. Brownridge, Remote decommissioning experience at Sellafield [A]. in Proceedings of WM'06 Conference, 2006, Tucson, AZ.

[23] OECD. R&D and Innovation Needs for Decommissioning of Nuclear Facilities [R]. 2014.

[24] IAEA, Technical Report Series No. 456, Retrieval and Conditioning of Solid Radioactive Waste from Old Facilities[R]. 2007.

[25] Tanks 18 and 19-F Structural Flowable Grout Fill Material Evaluation and

Recommendations[R]. SRNL-STI-2011-00551, 2013.

[26] C. A Langton, D. B. Stefanko et al. Cementitious Grout for Closing SRS High Level Waste Tanks[A]. in Proceedings of WM2015 Conference, February 26-March 1, 2012, Phoenix, Arizona, USA.

第6章 核燃料后处理厂退役策略选择

6.1 国际原子能机构相关规定、建议

6.1.1 核燃料循环设施设计规定

在核燃料循环设施的设计中，必须考虑为其最终退役提供便利，以便将工作人员和公众由于退役接受的照射量保持在合理可行尽量低的水平，并确保充分保护人类和环境以及最大程度地减少退役产生的放射性废物量。在确保设施安全运行的同时，设计：①必须最大程度地减少受污染区域的数量和规模，以便于在退役阶段进行净化；②必须选择性能适当的包容材料，以便于在其寿期结束时进行去污；③必须避免不必要的化学品或放射性物质累积；④必须允许在必要时进行远程去污；⑤必须考虑退役阶段所产生的废物是否易于处理、贮存、运输和处置；⑥必须对设计相关知识的管理做出规定；⑦必须确保特别是设施结构中的主要系统部件和可能污染点易于接触，以便于进行退役。

6.1.2 退役计划

营运组织必须制订退役计划，并且必须在设施的整个寿期内保持该计划，除非监管机构另行核准，以表明可以安全地和以符合规定终态的方式完成退役。

对于新设施，退役规划必须在设计阶段即开始。必须根据监管要求、修改、技术进步方面的变化，退役活动需求的改变和国家政策的变更对退役计划进行更新。包括维护、定期测试和检查、修改和实验在内的设施所有运行活动都必须以有助于其最终退役的方式进行。

就一些现有核燃料循环设施而言，在设计时并未考虑其最终退役的需要。对于这类设施，必须制定退役计划，以确保整个退役过程的安全。退役计划必须由安全委员会进行审查，并必须在开始退役活动之前将退役计划提交监管机构审查。必须不断更新设施文件，并且必须对设施维护或修改期间操作受污染物项或受辐照物项的经验资料进行记录，以促进退役计划的制订。

退役计划必须包括对适合于有关设施并符合监管机构要求的一项或多项退役方案进行评价。

在制订退役计划时，必须审查有助于退役的设施设计各个方面。此外，还必须审查对退役具有重要性的设施运行的所有方面。

退役计划必须包括评定退役活动（如去污、大型设备的切割和操作以及一些系统的移除）对安全的影响，并且必须制定措施处理因这些活动可能产生的任何新危害。

退役计划必须考虑废物处置前管理（处理、贮存和运输）和退役期间产生的废物的处置。必须预先制定有关需要贮存和最终处置的辐照设备和实验装置的操作、拆卸和处置的程序，如果有关设备已经建造而这些程序尚未落实，则必须尽早制定这些程序。

退役计划必须包括退役阶段的员额配备要求以及参与退役作业的人员培训和资格认证。

设施营运组织的职责必须仅在监管机构核准后方告终止。

必须评定在关闭运行和退役之间的过渡阶段（如有）的活动对安全的影响并且必须对其加以管理，以避免产生不适当的危害并确保设施和场址的安全。在更新退役计划时必须考虑设施在此阶段所发生的任何情况。

必须尽量合理可行地回收和复用运行后净化所产生的放射性物质。必须为运行期间被作为过程的一部分再循环的流出物制定替代处置安排。

必须在退役计划中制定措施，以确保退役作业期间的临界安全，包括在适用情况下确保在拆除以几何形状控制临界的设备时的次临界。在实施退役行动包括拆除用于加工易裂变材料的设备（如容器、手套箱）的过程中，必须实施旨在确保维持临界控制的程序。对于退役所致受易裂变材料污染的废物（包括手套箱及其内容物的拆除产生的废物）的临时贮存，必须确保临界安全。

6.1.3 后处理设施退役准备

需要按照国家放射性废物管理政策选择初始退役策略；需要在设计阶段即制定退役策略、退役计划和支持性安全评估；需要通过设施设计、退役策略、退役计划和安全评估的迭代对退役防护和安全进行优化；需要明确和设置用于退役（包括放射性废物管理）的足够财政资源。制订的退役计划和安全评估在后处理设施调试和运行阶段应定期进行评审和更新以确保退役计划可安全执行，为退役预留足够资源并在需要时可使用，预期产生的放射性废物与可获得（或计划的）中间贮存能力和处置相容。

后处理设施的选址、设计、建造和运行（维修和变更）应便于最终退役。由于运行和退役期间产生的废物数量大、复杂和种类多，在后处理设施的整个寿期内应特别关注下列方面：便于退役的设计特征（例如，使渗入结构的污染最小化的措施，安装去污设施）；防止污染扩散的物理方法和管理方法；对拟进行的设施变更和试验对退役的影响进行考虑；识别有助于或加快退役的设计变化；在整个寿期内对全部重要活动和事件形成完整记录，记录归档既要安全又要便于检索，对记录的索引应当合理且保持一致；退役期间放射性废物最小化。

在设施计划关闭或非计划关闭与退役开始之间的这段时期，应当采取安全措施使设施处于安全和稳定状态，采取的措施包括防止临界措施、防污染扩散措施、防火措施和放射性监督措施。应当考虑采用知识管理方法对操作者的经验和知识进行长期保存，保证易于检索。在后处理设施置于长期关闭之前，应当尽可能从工艺设备移出危险物质、腐蚀性物质，将其转移至安全贮存场所。

6.2 美国

6.2.1 西谷后处理厂

6.2.1.1 场址基本情况

1980年，美国国会通过《西谷示范工程法》，要求美国能源部（DOE）实施一项示范工程，对纽约西部核服务中心（WNYNSC）西谷后处理场址的高放废液进行固化。废物管理区指场址上的一个地理单元，由该单元的设施和地面构成，包括土壤、管道、槽罐、贮存或填埋废物、其他填充材料以及单元地理边界内的土壤或地下水污染。DOE管理1-7号和9-10号废物管理区，纽约州能源研究与发展管理局（NYSERDA）管理8号、11号、12号废物管理区。图6-1为西谷示范工程场址正射图，图6-2为1号废物管理区布置图。

图 6-1　西谷示范工程场址正射图

WMA1（1 号废物管理区）：主工艺厂房和玻璃固化设施区；

WMA2（2 号废物管理区）：低放废物处理设施区；

WMA3（3 号废物管理区）：废物贮存罐区；

WMA4（4 号废物管理区）：建筑与拆毁废料填埋场；

WMA5（5 号废物管理区）：废物贮存区；

WMA6（6 号废物管理区）：中央项目区；

WMA7（7 号废物管理区）：核管会许可处置区（NDA）和相关设施；

WMA8（8 号废物管理区）：州许可处置区（SDA）和相关设施；

WMA9（9 号废物管理区）：放射性废物处理系统桶热室区；

WMA10（10 号废物管理区）：支持和能源动力区；

WMA11（11 号废物管理区）：贮存仓库和水力压裂试验井区；

WMA12（12 号废物管理区）：场址辅助区。

其他紧要地理单元，包括铯污染区（Cesium Prong）和北部平地地下水羽流区。

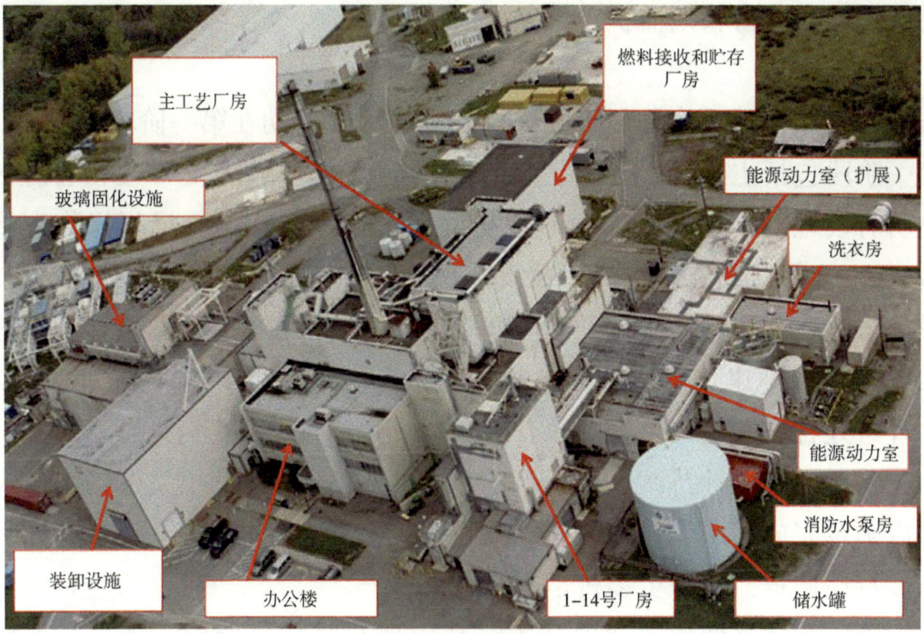

图 6-2　1 号废物管理区布置图

6.2.1.2　可选退役策略

美国西谷示范工程退役环境评价曾考虑 4 个策略。

1. 完全拆除

拆除场址所有设施，清除污染土壤、沉积物和地下水，满足纽约西部核服务中心无限制解控的准则。所有放射性、有毒和混合废物将鉴定、包装并最终送场外处置。执行此策略产生的废物没有现成的场外处置场所，产生的废物可能有非国防超铀废物，B 类、C 类低放废物和大于 C 类废物。这些废物将只能贮存在场址直到适当的场外处置设施可以利用。完成这些活动将使得场址无限制解控，例如可用于公共或私人用途。场址完全拆除策略还包括在场址临时贮存高放废液玻璃固化产品容器，直至可以运离场址。

2. 场址就地关闭

根据此策略，主要设施和污染源，比如，废物罐区、NDA、SDA 将在现有位置进行管理。设施残留放射性（长寿命核素积存量较大）将用特别设计的关闭结构和工程屏障隔离。这些结构的设计必须满足滞留有害和放射性物质、保持长期安全功能的监管要求。这种策略将使得场址的大部分区域可无限制解控。WNYNSC 其余部分核管会许可证可在限制条件下予以终止或转化为长期许可证。对州许可处置区，原地关闭将根据纽约州法规汇编（6 NYCRR Parts 373，380）视需要进行监管变更，或需要封后许可证或命令。需要对原地关闭的设施及其周围的缓冲区域进行长期监护。

3. 分阶段退役

根据此策略，退役将分两阶段进行。主要拆除活动在第一阶段进行。

第一阶段包括主工艺厂房、北部平地羽流源区。此外，2号废物管理区的废水池和所有设施（防渗处理墙）予以拆除。玻璃固化设施，远程操作废物设施和5号、6~10号废物管理区的多数设施也将拆除。地基、地板、垫板及以前拆毁的设施将拆除、清除。在一阶段期间，将对几处设施进行主动管理，这些设施包括废物罐区、建筑与拆毁废料填埋场、北部平地地下水羽流非放射源区、核管会许可处置区和州许可处置区。

第一阶段活动预计持续8~10年，在这8~10年期间，相关机构将开展大量活动，以确定完成其余设施退役的最佳技术方法。这些活动包括对场址污染进行进一步特性调查，开展更多科学研究。

第一阶段活动将使用最成熟技术，利用现有废物处置场，减少场址残留放射性和有害污染物可能的长期健康和安全风险。为了便于各机构达成一致，在一阶段清污进行期间，将开展科学研究降低与WNYNSC剩余部分最终退役和长期管理进行决策有关的技术不确定性。特别的是，这些研究可解决与以下方面相关的不确定性：长期性能模型，填埋废物和槽罐挖掘的可行性和成本，废物处置场可用性，就地隔离技术。

在第一阶段活动执行期间，美国能源部和NYSERDA将评估场址特有研究的结果和其他信息（如适用技术开发）。与NYSERDA及其他合作、相关机构咨询，DOE将决定是否对环境影响报告书进行补充。NYSERDA也将在1阶段实施期间评估场址特有研究和其他信息。

如果采取分阶段退役策略，WVDP二阶段退役活动将根据一阶段对其余设施的进一步评估得出的最适当方案得出退役或长期管理决策。对州许可处置区，要考虑的2阶段行动至少将包括：全部回取、就地关闭和按州许可处置区许可及证照要求继续主动管理。第二阶段决定将在DOE第一次决定书和NYSERDA第一次决定声明后10年内做出。

4. 不采取行动

该策略不采取任何退役活动。不采取行动策略将WNYNSC全部设施的继续管理和监护作为环境影响报告书的起点，不采取行动策略不满足机构行动的目的和要求，但美国《国家环境政策法》（NEPA）和《纽约州环境质量审查法》（SEQR）要求对其进行分析。

6.2.1.3　优选退役策略

经过对短期影响、长期影响和成本效益分析后选择了分阶段退役策略。短期影响、长期影响主要从土地使用，工作人员与公众健康和社会经济影响等方面进行评价。

（1）策略对比

表6-1为退役活动的短期影响对比，表6-2为从人员健康对长期影响的对比，表6-3为成本效益对比。

表6-1　各策略短期影响对比

策略	退役策略短期影响
完全拆除 -将拆除所有设施 -对全部环境介质去污 -所有放射性、危险和混合废物运往场外处置	整个场址无限制解控；因为持续时间长，要求人员投入最大；公众剂量最高，但潜在癌症致死人数（LCF）小于1，平均工作人员剂量仍低于管理控制限值；产生的退役废物量最大，是场址就地关闭的60倍，是分阶段退役的第一阶段的8倍；因运输对公众的非放射性健康风险最大；此策略看起来满足核管会的退役ALARA要求
场址就地关闭 -主要设施就地关闭 -长寿命核素存量大的设施的残留放射性和污染用专门设计的封闭结构和工程屏障隔离 -需要缓冲区和长期监护	场址的部分在一段时期可以无限制解控；短期内要求人员投入大；对公众的剂量最低，潜在癌症致死人数小于1；平均工作人员剂量低于管理控制限值；需要送场外处置的废物量最小；交通事故导致的死亡人数小于1；此策略看起来满足核管会的退役ALARA要求
分阶段退役 -退役分两阶段完成 -第一阶段退役：拆除主工艺厂房、玻璃固化设施和01-14厂房，北部平地羽流放射性区，低放废物处理设施区的水池 -在第一阶段按现行方式对废物罐区和废物处置区进行主动管理 -一阶段退役期间继续进行研究和评估以弄清和减轻二阶段决策的不确定性 -在二阶段利用一阶段评估确定的方法对废物罐区、建筑物拆除和建筑垃圾填埋、羽流非放射性区和废物处置区采取行动，包括对州许可处置区可能继续采取主动管理	场址的一部分在第一阶段实现无限制解控，如果第二阶段拆除其余设施、清除其余污染，场址剩余部分可无限制解控，如果第二阶段采取就地关闭策略，则场址剩余部分中少部分可实现无限制解控；第一阶段平均人员投入与完全拆除策略相当，但只是在短时间内，如果第二阶段拆除其余设施、清除其余污染，总用工（人·年）与完全拆除相近，如果第二阶段采取就地关闭策略，总用工与第一阶段与整个场址原地关闭的用工之和接近。公众的剂量介于其他两个方案之间，潜在癌症致死人数小于1，平均工作人员剂量低于管理控制限值。第一阶段产生的需要场外处置的废物比完全拆除少，如果第二阶段拆除其余设施、清除其余污染，废物总量与完全拆除相同，如果第二阶段采取就地关闭策略，则废物总量为第一阶段的废物加上场址就地关闭产生废物的30%。第一阶段的非放射性交通事故致死人数小于2。无论第二阶段决策如何，此方案看起来满足核管理委员会的退役ALARA要求

续表

策略	退役策略短期影响
不采取行动 –不采取退役 –要求对设施进行持续的管理和监护 –不满足环保局的目的和要求	无退役行动，无退役行动的影响

表 6–2　长期人员健康放射学后果对比

年剂量峰值	完全拆除	场址就地关闭	分阶段退役	不采取行动
假想场外居民的年剂量峰值	基本可忽略	约 95 人·rem（有组织控制或无组织控制）；约 240 人·rem（假设不能对侵蚀进行缓解）	如果第二阶段是拆除剩余废物管理区，长期影响与完全拆除的相当；如果第二阶段是对剩余废物管理区进行就地关闭，长期影响比场址就地关闭的略低；如果第二阶段对州许可处置区的决策是持续的主动管理，某些照射情景和人员的长期影响不会超过不采取行动策略	约 95 人·rem（有组织控制）；约 340 人·rem（无组织控制）；约 1 500 人·rem（假设不能对侵蚀进行缓解）
假想场外个人的年剂量峰值	基本可忽略	小于 0.2 mrem（有组织控制或无组织控制）；小于 4 mrem（假设不能对侵蚀进行缓解）		约 0.7 mrem（有组织控制）；约 3 mrem（无组织控制）；约 34 mrem（假设不能对侵蚀进行缓解）
假设失去有组织控制情况下，假想场内个人（意外闯入者）年剂量峰值	对无限制解控水平污染土壤所在区域的房子、花园和水井的意外闯入者小于 25 rem	对污染土地上的花园或水污染井的闯入者，不足 1~160 mrem		对污染土地上的花园或水污染井的闯入者，不足 1~400 mrem

表 6–3　成本效益对比

完全拆除	原地关闭	分阶段退役	不采取行动
完全拆除将把场址的几乎全部放射性核素转移到其他处置场址。累进成本效益估计范围为 43 万 ~ 130 万美元/人·rem	原地关闭将把绝大多数放射性核素保持在场内。累进成本效益估计范围为 21 万 ~ 95 万美元/人·rem	此策略的成本效益主要取决于第二阶段决策。如果第二阶段是清除其余的废物和污染，累进成本效益估计范围为 23 万 ~ 130 万美元/人·rem。如果第二阶段是对其余废物和污染进行原地关闭，累积成本效益估计范围为 45 万 ~ 76 万美元/人·rem	不采取行动是评价退役策略成本效益的基准

(2) 优选策略

西谷示范工程退役分为两阶段。第一阶段的活动包括：拆除主工艺厂房(MPPB)、玻璃固化设施和北部平地羽流（NPP）放射性区；拆除1~5号废水坑、中和坑和拦截装置；拆除其余设施（远距离操作废物设施等）、厂房混凝土板、混凝土板下土壤（规定终态可达2英尺)；2阶段退役区域（废物罐区，核管会许可处置区、北部平地羽流非放射性区和相关羽流影响区）之外的厂房的特性鉴定和污染土治理；对废物罐区，核管会许可处置区和北部平地羽流非放射性区进行安全监护；对2阶段退役进行研究和评估。在第二阶段完成废物罐区、核管会许可处置区、北部平地羽流及其余污染土的退役、治理。一阶段退役的终态是确保WNYNSC二阶段退役方案能得以实现。第一阶段具体退役行动简要叙述如下。

将高放废液玻璃固化产品容器转移至场址上废物中间贮存新区；安装阶梯状隔墙支持挖掘工作，将北部平地羽流退役区与非放射源区分开；拆除主工艺厂房和玻璃固化设施的地上和地下部分；拆除地下管道和各型槽罐；拆除地基；用与最初使用的土壤相同的干净回填材料进行回填。

要拆除主工艺厂房，必须将高放废液玻璃固化产品容器转移到场内的一处废物贮存设施，这要求在场址新建与乏燃料贮存设施类似的高放废物贮存设施；要求对装载、卸载设施进行改建以支持玻璃固化产品容器的回取、去污、装载和运输。

主工艺厂房下北部平地羽流放射性区土壤挖掘：预计纵向深度延伸到冰土层下1英尺；土壤清除的预期目的是从北部平地羽流清除所有明显量的低迁移性长寿命核素和^{90}Sr；预期通过土壤清除满足主工艺厂房无限制解控准则。

主工艺厂房下土壤和地下水已有采样数据显示长寿命低迁移性核素仍然位于尾气热室下靠近1968年释放位置的渗流土壤，而1968年释放是北部平地羽流的主要源项。^{90}Sr污染主要局限在主工艺厂房下饱和砂砾单元，仅仅渗入冰土层上部几英尺。提出的土壤清除预期将满足无限制解控准则。挖掘后验证性采样将在挖掘底部（包括仍然遗留的基柱）进行。

低放废物处置设施区（WMA2）退役活动包括：安装隔离屏障将退役区与相邻的北部平地羽流分开；从废物池1~3清除废物、污染沉淀和污染土，从废物池4~5清除土工织物和黏土；清除中和坑和拦截装置；用与最初使用材料类似的干净填料回填；拆除其余结构和地板。

废物池区土壤和地下水取样显示：长寿命、低迁移性核素仍位于 1 号废水池下渗流区土壤，^{90}Sr 地下水羽流在砂砾单元沿梯度延伸，污染仅仅局限在冰土层的上部几英尺；核素仅仅迁移至 2 号和 3 号废水池下冰土层的上部几英尺。

退役所用剂量准则如下所述：

许可期间：场外剂量<100 mrem/a；有限解控：有组织控制条件下场外剂量<25 mrem/a，不实施有组织控制条件下意外闯入者剂量<100 mrem/或 500 mrem/a；无限制解控：所有照射路径<25 mrem/a。

6.2.2 汉福特场址 U 厂

6.2.2.1 后处理设施基本信息

汉福特场址有 5 个后处理设施，分别为 B 厂、T 厂、U 厂、普雷克斯厂（PUREX）和雷道克斯厂（REDOX），这些设施称为钚处理厂或化学分离厂。这些设施外形相似，长几百英尺，宽 70 英尺，高 80 英尺，也简称为“谷”设施。这 5 个设施位于场址的中间部位（200 区），各个设施处于高度污染水平，最终将去污、拆毁。

6.2.2.2 汉福特 U 厂退役策略对比

图 6-3 为汉福特 U 厂（221-U）截面图。对于 U 厂退役，美国能源部对 4 个策略进行了对比分析。

1. 完全拆除和处置

221-U 设施结构和内容物（包括地面以下基础）将拆除、拆毁，结构材料、设施内容物和相关土壤将在环境恢复处置设施（ERDF）进行处置。估计有 78 000 m^3 残渣和土壤将在环境恢复处置设施进行处置。预计大多数废物将满足环境恢复处置设施废物接受标准，如果不满足废物接受标准，则将对废物进行处理或需要送其他处置设施。要处置的废物要进行分拣，进行安全、重新使用和再循环评估，对不能重新使用和再循环的则包装后送处置设施。拆毁后将对挖掘坑回填至地面，根据未来土地使用决策对地面植被或平整。即使所有结构完全拆除，仍将需要有组织控制，因为其余土壤要清污到工业水平（不是无限制解控水平）。

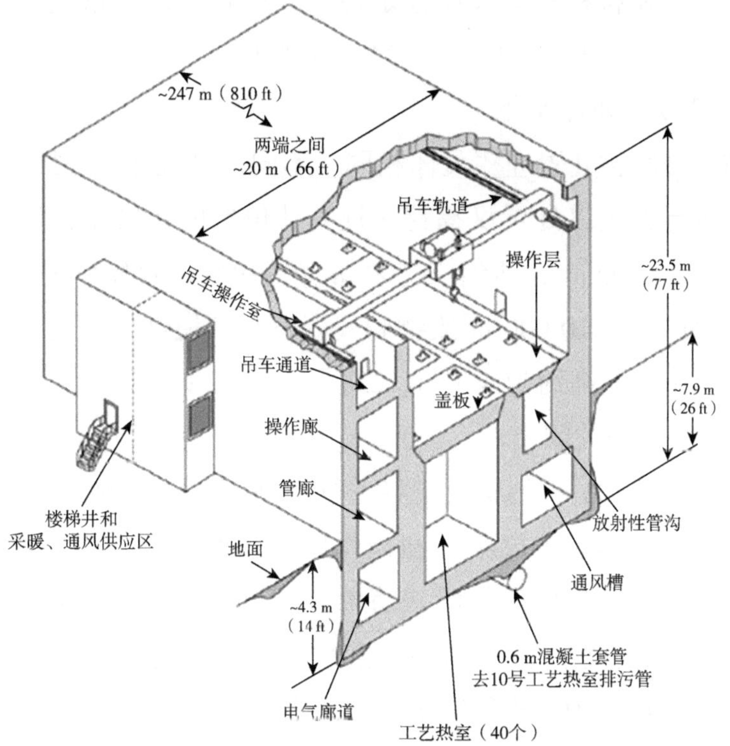

图 6-3　221-U 设施截面图

2. 内部废物处置埋葬

这种策略将用 221-U 设施内的空间放置汉福特场址其他《综合环境响应、补偿和责任法》（CERCLA）清污行动产生的废物。设施操作层及以上的 3 400 m^3 污染设备将进行切割、在设施的工艺热室进行处置。约 10 100 m^3 来自其他 CERCLA 行动的废物将在 221-U 设施内的空间进行处置，总处置容量达到 13 500 m^3。为了减少废物的迁移、溶解和毒性，将对废物进行灌浆，最大限度降低废物的空隙。为废物接收操作进行准备期间及相关辅助设施拆毁产生的 10 000 m^3废物和残渣将在环境恢复处置设施处置。与废物填充操作同步，整个 224-U 将被压实的干净填料包围。附近其他拆毁活动产生的惰性碎料如果适合用作工程屏障的填料，要考虑对其进行使用。最适合的工程屏障设计将在最终设计阶段进行。基于费用估算目的，在可行性研究中使用的是蒸发蒸腾屏障。在最终设计阶段，实际选择的屏障要使得地震引起的变形最小化。工程屏障设计要满足补救行动目标和法规适用要求，并至少在 500 年内保持封隔功能、保护废物免受水渗入影响。屏障费用估算（可行性研究）的假设条件是：将在第 500 年对屏障进行重建，从而将完全封隔期延长至 1 000 年。然而，对天然类比场址的研究显示屏障材料具有长期稳定性，没有必要进行重建。工程屏障完工后，设施长宽高约为 461 m、234 m、24 m（地上）。

3. 内、外部废物处置埋葬

此策略与内部废物处置埋葬大体相同，不同之处在于对 221-U 设施边界周围的外部区域进行整改以处置汉福特场址其他位置的污染土，这使得该策略的废物处置量增加 50 100 m^3，达到 63 600 m^3。为废物接收操作进行准备期间及相关辅助设施拆毁产生的 10 000 m^3废物和残渣将在环境恢复处置设施处置。工程屏障完工后，设施长宽高约为 461 m、234 m、24 m（地上）。

4. 部分拆毁-就地关闭

设施操作层的 3 400 m^3污染设备将进行切割、在设施的工艺热室进行处置。向工艺热室、罐槽、热室排放集管和操作廊灌入水泥浆，最大限度减小空隙。221-U 设施的上部（大致到操作层）将拆毁，与埋葬策略不同的是，不处置汉福特场址其他位置的废物。相关辅助设施拆毁产生的 9 600 m^3废物将在环境恢复处置设施处置。图 6-4 为工程屏障示意图，不同策略的屏障设计稍有不同。

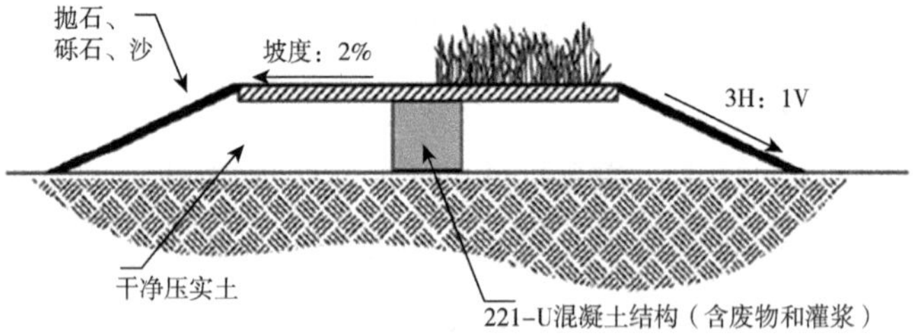

图 6-4　工程屏障示意图

6.2.2.3　选定策略及补救行动

从人员健康、环境保护，适用要求，长期有效性、性能，短期有效性、可实施性，成本，相关机构和公众接受程度等方面进行对比分析后，最后选择部分拆毁—就地关闭策略，华盛顿州生态部（监管机构之一）对此予以接受。根据选定的策略，221-U设施补救行动主要如下。

如果设施内的容器和设备就地固定后其超铀核素水平大于 100 nCi/g，这些容器和设备将予以拆除并最终在新墨西哥州的废物隔离示范厂（WIPP）进行处置。从设施取出液体或经处理转化为固体。从设施的操作廊侧部分拆除污染设备和管道，将产生的废物在环境恢复处置设施或其他设施处置。将操作层的污染设备转入地下热室处置。对设施内容器空间、热室、廊、管沟、排放集管和其他空间进行灌浆。拆毁轨道车隧道及291-U-1、291-U-10烟囱等结构为工程屏障建造进行准备。拆毁房顶和墙（到操作层）并置于操作层或附近。在剩余厂房之上构造工程屏障。在屏障上种植半干旱区植被以增强蒸发蒸腾作用。实施有组织控制确保补救措施得到保护，不得因土地使用变化导致居民受到污染。开展封后监护，包括屏障的检查和维护。进行屏障性能和地下水监测以确保补救行动的有效性并支持5年期评审。

6.3 法国

6.3.1 UP1后处理厂

6.3.1.1 退役策略

UP1后处理厂自1958年运行共处理18 200 t燃料，于1997年关闭并进入退役阶段，退役操作估计至少需40年。UP1退役项目包括11个设施，其中5个为燃料脱壳，钚萃取和裂变产物处理的生产设施，6个主要用于废物处理、整备的配套设施。配套设施之一的玻璃固化与裂变产物贮存设施（SPF-AVM）将在完成玻璃固化任务后关闭、退役，也属于UP1退役项目。退役的策略考虑如下。

（1）建立一个完善方案（技术、费用、进度表）；

（2）为确定详细工作、技术、工艺和使用的设备，废物管理策略，开展工程研究；

（3）在拆除前，通过冲洗工艺设备，清除热点，清污以降低残留放射性，以降低安全危害；

（4）为了使产生的废物能直接移走，并避免繁重的远程操作任务，在设备剂量率足够低的情况下进行拆除；

（5）在送去专门贮存和处置点前进行废物打包。

6.3.1.2 退役计划

整个退役计划分三个阶段：关闭、拆除、历史遗留废物回取和整备（见图6-5）。

6.3.2 法国UP2-400后处理厂

1966年投入运行，UP2-400后处理厂（BNI 33）自2004年以来处于永久关闭，图6-6为UP2-400后处理厂图片。处于永久关闭的还有三个与UP2-400相关的基本核设施：流出物处理设施（STE2）和AT1原型后处理设施（STE2和

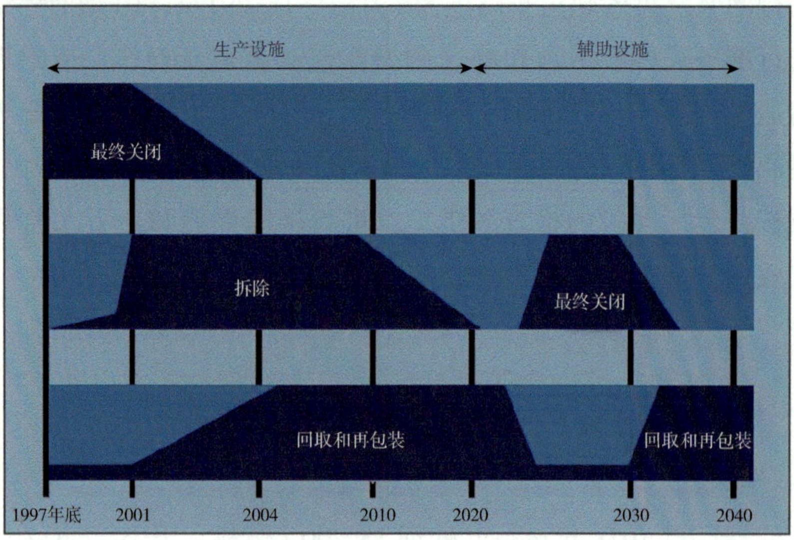

图 6-5　UP1 拆除计划安排进度表

AT1 共同编号为 BNI38）、ELAN IIB 研究设施（BNI47）以及氧化物高放设施（HAO）（BNI 80）。这 4 个基本核设施目前正在进行的操作主要是废物回取、包装与退役。

UP2 400 包括铀－钚分离设施（HA/DE），裂变产物浓缩与贮存设施（HAPF/SPF，1-3），铀、钚分离及铀纯化、硝酸铀酰贮存设施（MAU），纯化、氧化物转化及氧化钚初始包装设施（MAPu），产品控制中心试验室（LCC），树脂包装设施（ACR）。

UP2 400 后处理厂退役项目于 2009 年启动，为期 25 年。根据法国核安全局要求，UP2 400 退役计划将根据设施安全重要性确定优先等级，遗留废物回取和整备具有很大挑战。

多年来，阿格场址废物回取明显滞后于原来计划。法国核安全局（ASN）认为截止日期不能再延迟，因为遗留废物贮存厂房老化，不再满足现行安全标准。ASN 认为阿海珐[①]（Areva NC）必须尽快回取 UP2-400 运行产生的遗留废物，确切地说，STE2 筒仓贮存的泥浆，HAO 设施和 130 筒仓贮存的废物，SPF2 单元贮存的裂变产物溶液。必须明确确定处置路线或新贮存设施，因为其实施涉及大型项目。进一步拖延将不能满足《环境法》提出的截止日期，《环境法》要求废物生产者必须最迟在 2030 年对 2015 年前产生的中放长寿命废物完成包

① 注：阿海珐重组后相应责任由欧安诺承担。

图 6-6　UP2-400 后处理厂

装。ASN 在 2014 年 12 月 9 日以 2014-DC-0472 决议发布了关于遗留废物回取和包装项目的规定要求。

6.4　德国

德国 WAK 从 1971 年运行以来，共处理了约 200 t 乏燃料，1991 年 6 月 30 日，WAK 永久停运。1992 年年中开始了退役详细规划，主要针对第一次拆卸许可证批准要拆卸的 12 个工艺系统。

WAK 第一阶段退役许可证于 1993 年签发，自 1994 年起开始退役，两条路线的拆除同时进行。路线 1 是工艺厂房的退役，路线 2 是高放废液贮存设施（HAWC）和玻璃固化厂房（VEK）的退役。

WAK 退役项目的技术目标是“绿地状态”。退役分六步（见图 6-7）完成：第一步拆除不再使用的系统；第二步拆除主工艺厂房首端和尾端不再使用的系统；第三步拆除主工艺化学热室设备，并对热室去污；第四步高放废液固化；第五步拆除玻璃固化厂房设备，第六步为厂房拆毁、场址绿化。由于高剂量率，WAK 的许多拆除工作必须通过远程操控工具完成。通过去污处理，使后处理厂特定区域的剂量率达到允许人工切割的剂量水平。拆除部件后，对厂房构筑物去污。一旦解控，就对 WAK 进行常规拆除。WAK 最终完成退役可能要持续到 2047 年。

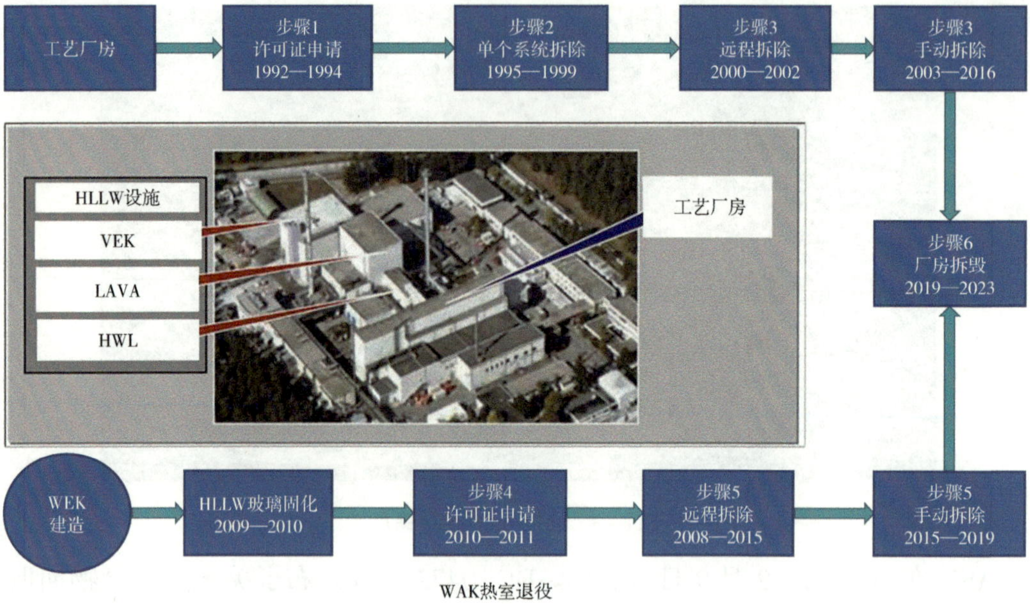

图 6-7　WAK 后处理厂拆除流程图

6.5　比利时

欧化后处理中试工厂 1974 年关闭。1984 年，Belgoprocess 公司成立，负责该后处理厂的退役。1986 年决定退役，由于技术和安全原因，退役采取延迟拆除策略。主工艺厂房于 1990 年开始退役，退役的终态目标是实现无限制解控。欧化后处理厂退役进度安排见图 6-8。

退役采用的原则包括：避免放射性污染扩散，彻底去污以实现无条件解控，放射性废物最小化，有价值部件再循环、再利用最优化和最大化。

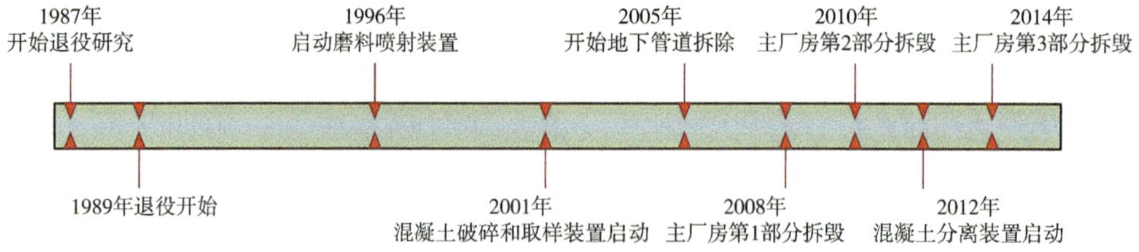

图 6-8　欧化后处理厂退役主要进度安排

后处理厂 1974 年关闭后，立即进行了化学清洗和去污。拆除了老化设备，使用刮擦或高压水去污等技术对可接近表面进行了去污。由于去污活动和保护措施，放射性水平降到可对退役活动进行人工作业的水平。这些活动使得能够从后处理设施取出高、中放固体、液体废物并转移到 Belgoprocess 场址的专用设施。退役活动包括消除放射性污染，拆除厂房剩余结构，对相邻地带进行治理。

目前主厂房已完成拆除。

6.6 英国

英国镁诺克斯后处理中试厂的作用是支持塞拉菲尔德商业规模镁诺克斯后处理厂的设计和早期运行。中试厂于20世纪70年代初关闭后进行过有限的运行后清理（POCO），溶解设施、金属切割热室、主分离热室和高放热室这4个屏蔽热室区仍留有大量工艺设备、辐照燃料和其他物项。该设施退役特别要考虑的问题包括：铀积存量显著，设施所含铀具有引起氢化铀火灾的担忧。曾经发生泄漏使得设施受到高放废液的污染。热室结构的退化及封闭功能下降对作业人员具有潜在风险。

该设施的退役工作划分为4个阶段：

第一阶段：基建和新溶解设施、金属切割热室退役；

第二阶段：高放射性热室退役；

第三阶段：主分离热室退役和热室基座拆毁；

第四阶段：实验室去污和清污。

英国塞拉菲尔德场址的镁诺克斯后处理厂已于2022年永久关闭、热氧化物后处理厂（THORP）已于2018年永久关闭，这2个后处理厂的退役是整个塞拉菲尔德场址退役的一部分，塞拉菲尔德场址核设施种类、数量繁多，场址放射性废物管理和核设施退役任务繁重，完成这些任务要到2120年。

参考文献

[1] Frédéric CHAMBON, Adapting Dismantling and Decommissioning Strategies to a Variety of Nuclear Fuel Cycle Facilities [A] in Proceeding of waste Management 2012, 12237.

[2] Jean-Michel Chabeuf, La Hague Legacy Waste Recovery Program: Scope, Progress and Issues [A] in Proceeding of waste Management 2012, 12080.

[3] Grégoire LEMIERE, et al., Retrieval and Conditioning of Legacy Radioactive Sludge from the Effluent Treatment Facility at La Hague Plant 2014, 14456.

[4] 国际原子能机构. SSR-4, 核燃料循环设施的安全[S]. 2018.

[5] IAEA, DECOMMISSIONING STRATEGIES FOR FACILITIES USING RADIOACTIVE MATERIAL[R]. 2007.

[6] IAEA, GSR Part 6, Decommissioning of Facilities[S]. 2014.
[7] IAEA, SSG-42, Safety of Nuclear Fuel Reprocessing Facilities[S]. 2017.
[8] IAEA, SSG-41, Predisposal Management of Radioactive Waste from Nuclear Fuel Cycle Facilities[S]. 2016.
[9] IAEA, SSG-47, Decommissioning of Nuclear Power Plants, Research Reactors and Other Nuclear Fuel Cycle Facilities[S]. 2018.
[10] USDOE. West Valley Demonstration Project Decommissioning Status[R]. 2014.
[11] USDOE. West Valley Demonstration Project: Proposed Phase 1 Decommissioning Plan Approach for the Project Premises[R].
[12] USDOE. DOE/EIS-0226. Final Environmental Impact Statement for Decommissioning and/or Long-Term Stewardship at the West Valley Demonstration Project and Western New York Nuclear Service Center: A Summary and Guide for Stakeholders[R]. 2010.
[13] S. J. Phillips, M. Phillips & et al. Grout Isolation and Stabilization of Structures and Materials within Nuclear Facilities at the U.S. Department of Energy, Hanford Site, Summary [A]. in Proceedings of WM 2012 Conference, 2012, Arizona, USA.
[14] USDOE, RECORD OF DECISION 221-U FACILITY (CANYON DISPOSITION INITIATIVE) HANFORD SITE, WASHINGTON, 2005.
[15] K.J. Birringer, J. Fleisch, & et al. Concept for Dismantling the HLLW Treatment Facility on the Former WAK Reprocessing Site [A]. in WM'07 Conference, 2007, Arizona, USA.
[16] R. Walthery, R. Gilis & et al. Experience and developments from decommissioning of the Former Eurochemic Reprocessing Plant Belgium [A]. in Proceedings of WM'05 Conference, 2005, Arizona, USA.
[17] USDOE. DOE/EIS-0226. Final Environmental Impact Statement for Decommissioning and/or Long-Term Stewardship at the West Valley Demonstration Project and Western New York Nuclear Service Center[R]. Chapter 4, 2010.

第 7 章　核燃料后处理厂退役实践

7.1　美国

7.1.1　西谷后处理厂

7.1.1.1　西谷后处理厂房概况

西谷后处理厂主工艺厂房的位置和部署见图 7-1 和图 7-2。其主要结构由大约 480 根打入的工字钢桩支撑，这些工字钢桩延伸到地面以下大约 18.3~21.3 m 的深度。主工艺厂房共有五层，由一系列钢筋混凝土和混凝土砌块建成的小隔室、过道和房间组成。钢筋混凝土墙、地板和天花板的厚度从约 0.3~1.8 m 不等。钢筋混凝土墙通常由较轻的混凝土、砖石结构墙以及金属板地板包围。大部分设施都建在地面上。然而，一些隔室延伸到地面以下［即标称约（30.5±0.9）m］。最深的一间是通用室，延伸到地面以下约 8.2 m 处。容器卸料池和燃料贮存池位于主工艺厂房大楼东侧的燃料接收和贮存区，用于接收和贮存送往后处理的乏燃料。

机械处理室包含用于在含乏燃料的材料化学溶解前后对乏燃料组件进行修整、切断和一般处理的设备。该区域分为几个隔室：工艺机械室（PMC）、通用室（GPC）和废料清除室（SRR）。起重机和机械手的维护、修理和去污在机械起重机间、机械手修理间和通用室起重机房进行。

用于溶解乏燃料、分离和纯化铀和钚、净化用过的溶剂和浓缩液体废物的设备被安置在几个工艺隔室中：化学处理室（CPC）、三个溶剂萃取室（XC-1、XC-2 和 XC-3）、产品纯化室（PPC）和酸回收室（ARC）。

工艺机械室（PMC）、化学处理室（CPC）和萃取室等隔室由约 0.9~1.5 m 厚的高密度钢筋混凝土制成，通常有一层不锈钢。这种厚度可以提供辐射屏蔽。

在隔室中进行的操作由在主工艺厂房的各个通道中工作的个人远程控制，这些通道是由隔室的相邻墙壁形成的。通道中装有支持隔室内操作所需的机械

图 7-1 西谷后处理厂主工艺厂房

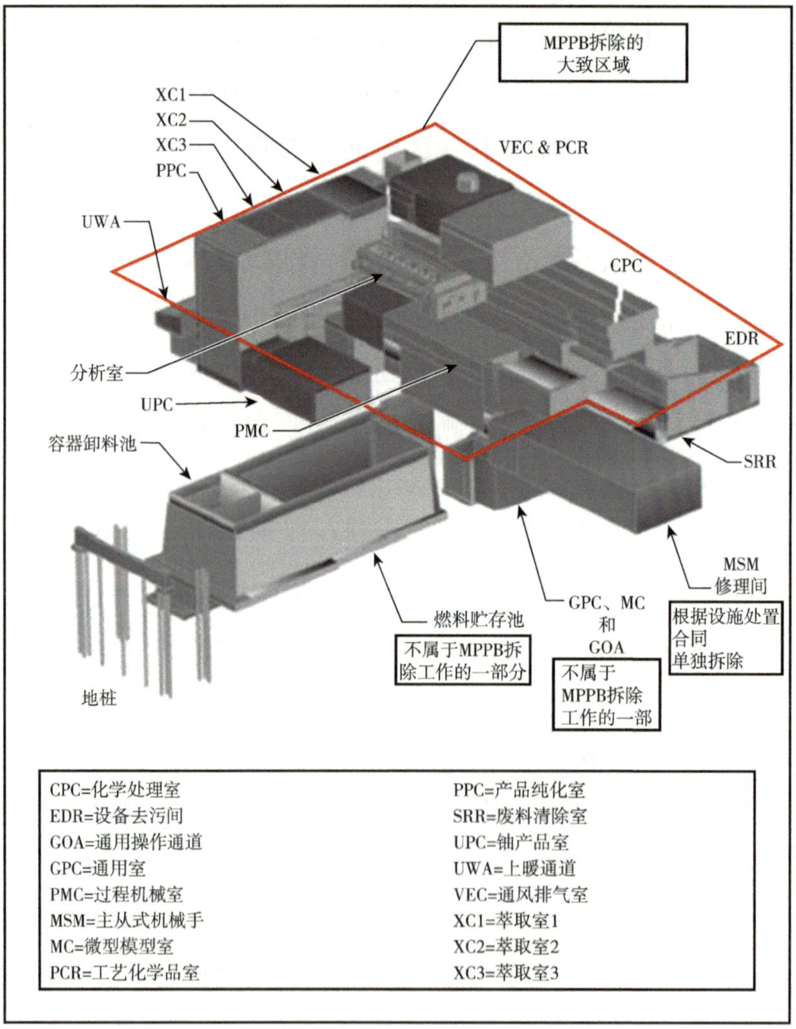

图 7-2 西谷后处理厂主工艺厂房等距图

手和阀门。通风供应室（VSR）和萃取化学品室（XCR）通常采用混凝土砌块和结构钢框架建造。

7.1.1.2 源项调查

对主工艺厂房的源项调查，最初通过查找工厂运行记录获取相关数据。在退役工作过程中，根据需要不断开展源项调查工作，并更新厂房源项数据。

2009 年 12 月的退役计划修订版给出了第 1 阶段退役活动开始时主工艺厂房的余放射性估计值。估计总量约为 6 100 居里（Ci），其中铯^{137}Cs、^{90}Sr 和^{241}Pu 的含量最高。总估算值包括 260 Ci 的^{241}Am 和 310 Ci 的钚（^{238}Pu、^{239}Pu、^{240}Pu）。总估算值不包括化学处理室中的高放废物罐。据估计，对总估算值影响最大的区域是通用室、工艺机械室和废液室（LWC）。表 7-1 给出了辐射水平信息。

表 7-1 处理大楼区域历史上测得的最大伽马辐射水平

面积	mrem/h	备注
化学处理室	15 000	1994 年在南侧污水坑
设备去污间	50	1997 年在地板上
通用室	200 000	离地约 0.9 m
	32 000	离地约 2.7 m
前端通风室	50 000	2002 年在预滤器上
废液室	1 800	2002 年
微型室	80	1998 年
废气鼓风机房	700	2003 年
工艺机械室	40 000	2004 年在离地约 0.9 m 处
产品纯化室	53	2003 年的墙体热斑
样品储存室	1 950	2001 年在地板上

根据 2011 年 5 月修订的《美国联邦法规》第 10 篇第 835 部分 WVDP-477 “CHBWV 辐射防护计划和实施文件” 进行了表面污染水平评估和辐射剂量调查。调查工作量化存在的残留污染和放射性活度，重点关注^{137}Cs、^{90}Sr、$^{239/240}$Pu 和^{241}Am，但不排除可能以可测量数量存在的其他同位素。

表 7-2 显示了几个区域的放射性水平示例。表中确定的活度水平为每 100 cm^{2}的总活度（固定的活度加可移除的活度）。在拆除主工艺厂房之前，通常会对设施表面进行涂漆（也就是使用固定剂），以降低剩余的松散活度水平。

收集的数据用于剂量建模，以支持拆除顺序和限制（即在给定时间段内可移除或拆除的给定区域内的最大平方英尺数）。调查数据还将用于模拟对现场工作人员（使用 AERMOD、空气扩散建模系统和 WVDP-593“西谷玻璃固化设施非封存拆除期间放射性物质释放空气监测”）和公众的潜在辐射剂量［使用 CAP88 剂量建模软件的场外个人最大辐射（MEOSI）］。

表 7-2　基于主工艺厂房几个区域调查结果的放射性水平

	萃取室-2/（dpm/100 cm^2）	废气通道/（dpm/100 cm^2）	萃取化学品室/（dpm/100 cm^2）	废液室/（dpm/100 cm^2）
总 α 放射性	1.48×10^5	6.75×10^3	9.14×10^3	1.15×10^6
总 β 放射性	3.18×10^5	1.00×10^5	1.22×10^5	1.57×10^6
合计	4.66×10^5	1.07×10^5	1.31×10^5	1.69×10^7

将继续进行放射性测量并进行记录，以支持拆除前的活动和拆除活动。

7.1.1.3　退役去污

在 1972—1973 年进行了大规模的去污，为增强设施的运行能力做准备。但后来该设施没有再运行过。在实施退役前，又开展了大量去污活动，以为主工艺厂房的拆除进行准备。

针对主工艺厂房开展的去污活动包括：

（1）化学处理室

1）在建造高放废物临时贮存设施（HLWISF）之前，拆除了工艺设备、容器、贮罐、管道和支持系统。还对隔室墙壁和地板进行了总体去污。

2）玻璃固化高放废物的现场搬迁已经完成，低放废物和超铀废物容器的移除工作正在进行。

3）在高放废物罐、低放废物和超铀废物容器拆除活动中移除了相关设备。

4）清除碎片、进行总体去污、稳定嵌入式墙体贯穿件、稳定取样器，涂抹隔室表面固定剂。拆除后将保留的路基管道已被隔离，因此不会有水通道。

5）对化学处理室机架进行额外调查，以确定机架的布置。

6）在隔室上壁和天花板上涂抹固定剂。

7）从屏蔽窗、屏蔽门齿轮箱和桥式起重机中排出流体。

8）对桥式起重机进行去污，并使用固定剂来稳定，以便在拆除过程中将其移除。

9）提供从化学处理室到通用室的结构舱口盖，以便进行地板灌浆和加固，从而在主工艺厂房拆除期间保护通用室。

10）用水泥浆稳定隔室地板。

（2）工艺机械室

1）移除了所有工艺设备和支持系统。将隔室内碎片装入桶中，并移除。使用 nitrocision ®去污系统对墙壁进行总体去污，直至达到起重机轨道标高。

2）清除碎片、进行总体去污、稳定嵌入式墙体贯穿件，并在隔室壁、天花板和地板上涂抹固定剂。

3）拆除了机械手并稳定墙壁内的端口。

4）从屏蔽窗、屏蔽门齿轮箱和桥式起重机中排出流体。

5）对桥式起重机进行去污，并涂抹固定剂来稳定起重机，以便在拆除过程中将其移除。

6）安装了从工艺机械室到通用室和从工艺机械室到微型隔室的结构舱口盖，以便在主工艺厂房拆除期间进行地板灌浆和加固，以保护通用室。

7）安装了从工艺机械室到燃料接收和贮存设施（FRS）地下通道的结构舱口盖，以便在拆除期间对工艺机械室地板进行灌浆和加固，以保护燃料接收和贮存设施地下通道。

8）用水泥浆稳定隔室地板。

（3）萃取室

1）拆除了所有工艺设备、容器、贮罐、管道和支持系统。对部分墙体进行了有针对性的总体去污。隔室中的嵌入式墙体贯穿件已经稳定（即可膨胀泡沫、固定剂）。

2）在隔室墙壁和地板上涂抹固定剂。

3）用水泥浆稳定隔室地板。

（4）废料清除室

1）安装从废料清除室到通用室的结构舱口盖，以便进行地板灌浆和加固，从而在拆除期间保护通用室。

2）排出设备中的液体，并在隔室表面涂抹固定剂。

（5）产品纯化室

1）拆除了所有工艺设备、容器、贮罐、管道和支持系统。对部分墙体进行了一些有针对性的总体去污。隔室的嵌入式墙体贯穿件已经稳定（即可膨胀泡沫、固定剂）。

2）稳定嵌入式墙体贯穿件，并对墙壁上的隔离点进行去污。

3）进行额外的侵蚀性去污，以选择隔室表面。

4）在隔室墙壁和地板上涂抹固定剂。

5）用水泥浆稳定隔室地板。

（6）废液室

1）对工艺罐进行了冲洗和去污，以减少拆除期间的放射性源项。

2）拆除了与各贮罐相关的工艺管道。

3）对隔室地板进行了总体去污。

4）将去污水转移到废物容器中，并转移到废物贮存区，为装运/处置做准备。

5）完成了所有贮罐的拆除准备工作，包括封盖开口、用泡沫或水泥浆稳定内部以及拆除锚固件。

6）稳定嵌入式墙体贯穿件，并对墙壁上的隔离点进行去污。

7）必要时，在隔室墙壁和地板上涂抹固定剂。

8）用水泥浆稳定隔室地板。

（7）铀产品室（UPC）和铀装载区（ULO）

1）已经将贮罐中剩余的工艺用水转移到废物容器中进行稳定和/或处置。

2）已经收集了贮罐中剩余材料的样品。

3）完成了工艺管道拆除和贮罐去污。

4）清除了贮罐中的剩余材料。

5）准备铀产品室贮罐，包括一个单腔贮罐和一个双腔贮罐，以及铀装载区中的一个贮罐，以便在拆除期间通过封盖开口、稳定内部（通过灌浆、发泡或涂漆）和拆除锚固件来拆除。

6）稳定嵌入式墙体贯穿件，并对墙壁上的隔离点进行去污。

7）在隔室墙壁和地板上涂抹固定剂。

8）用水泥浆稳定隔室地板。

（8）分析和工艺化学（A&PC）实验室区域

1）所有剩余的化学品和实验室设备都已从防护罩中取出，并已对防护罩进行了拆除检查。

2）在整个实验室区域进行了广泛的含石棉材料（ACM）清除。

3）将工艺设备、管道和工作台从热室中移除。进行了总体去污。

4）拆除了含有铅配重的机械手。

5）屏蔽窗已排空。

6）根据需要，在实验室防护罩、手套箱、通风管道、天花板和墙壁上涂抹固定剂。

7）评估分析与工艺化学热室工艺排水管线和通风管道，并稳定后可拆除。

（9）通风清洗间（VWR）

1）对去污规划进行了放射性和石棉材料特性调查。

2）拆除了部分墙段，以便更好地进行去污。

3）稳定贯穿件。

4）减少与过滤器、石棉材料和管道相关的放射性源项；稳定（即用固定剂、泡沫、水泥浆）一些部件，以便在拆除期间移除。

5）在拆除过程中移除垫圈。

6）切割管道和平台，以便拆除。

（10）操作通道和支持区域

1）根据放射性危害水平，在整个操作通道和支持区域广泛清除石墨材料。

2）进行了工艺和公用管道，以及通风管道的拆除工作。

3）进行了电气部件、导管、接线和仪器的拆除工作。

4）拆除有害或含有多氯联苯的电气部件。

5）在高架天花板和墙壁上涂抹固定剂。

6）稳定地板（如刷油漆、灌浆、填料等）。

（11）通风排气室（VEC）

1）稳定或拆除的管道系统。

2）对去污规划进行了放射性和石棉材料特性调查。

3）拆除过滤器和包装，以便进行处置或进一步处理。

4）根据描述，移除辐射源项、管道和导管，或稳定（即用固定剂、泡沫、水泥浆）部件，以便在拆除期间移除。

(12) 通风供应室

1) 对去污规划进行了放射性和石墨材料特性调查。

2) 移除危险材料。

(13) 冲压设备间 (RER)

1) 消除通风清洗间的溢出物对区域墙壁的污染。

2) 稳定用于拆除的闸板套管。

3) 必要时，稳定地板。

(14) 设备去污间 (EDR)

1) 清除碎片，进行总体去污，稳定嵌入式墙体贯穿件，并在隔室壁、天花板和地板上涂抹固定剂。

2) 从屏蔽窗、屏蔽门齿轮箱和桥式起重机中排出流体。

3) 对桥式起重机进行去污，并使用固定剂来稳定起重机，以便在拆除过程中将其移除。

4) 用水泥浆或固定剂稳定隔室地板。

(15) 废气室 (OGC) 和酸回收室 (ARC)

1) 在开始露天拆除之前，正在规划和设计在废气室和酸回收室中可能使用大型混凝土锯。

2) 这涉及废气室西北角的锯切，并在酸回收室的地板上进行锯切。

(16) 屋顶石棉材料拆除

减少/移除石棉隔热层和相关管道。

(17) 主烟囱

从压力喷浆（干混喷射混凝土）层至烟囱顶部，移除烟囱上部约 33.5 m 的部分。

7.1.1.4 退役拆除

主工艺厂房的总体拆除方法是根据从支持区域（楼梯、通道、屋顶）到主要工艺区域（化学处理室、工艺机械室、废液室、萃取室、通风清洗间、热室）的结构评估，从上到下逐步进行拆除。这将最大限度地降低设施区域交叉污染的可能性，最大限度地减少污染的迁移，并减少从一个区域到另一个区域对设备和材料进行去污所需的时间和资源。

随着拆除工作在不同区域进行，各区域和同时进行的活动之间可能存在一些重叠。随着主工艺厂房准备拆除的最后步骤的实施和拆除工作的进行，可能需要根据不同的条件对下述方法和/或顺序进行调整。

（1）溶剂贮存台（SST）

1）从上到下锤击/剪切/处理屋顶、结构钢构件、混凝土砌块和钢筋混凝土。

2）如有必要，拆除相邻隔间和/或较低楼层的部分，以进入较高楼层。

（2）上暖通道（UWA）和下暖通道（LWA）

1）用锤子或处理器移除、调整和处置上暖通道钢筋混凝土墙以及屋顶/天花板。拆除萃取室的南墙。拆除上暖通道西端的南面楼梯部分，包括混凝土砌块墙、结构钢框架和楼梯。

2）拆除、调整和处置与墙壁/屋顶/天花板相关的剩余内部部件，包括屏蔽管槽、管道、电气部件、门式起重机和平台。

3）必要时，锤击并拆除上暖通道地板上的钢筋混凝土泵壁笼。

4）继续锤击上暖通道地板（下暖通道天花板），继续向下敲击下暖通道墙壁，直至地板标高处。拆除楼梯的剩余部分和所有内部部件，即管道、电气固定装置和输送管。

5）填充泵壁笼的贯穿件，锤击下暖通道壁笼的钢筋混凝土泵壁笼盖。锤击壁笼墙，使其与拆除前添加的水泥浆齐平。

（3）萃取化学品室（XCR）

1）拆除、调整和处置混凝土砌块墙，包括剩余的电气部件和连接到墙上的管道。这包括南面楼梯周围的墙壁。这将暴露结构钢框架。

2）拆除、调整和处置剩余的内部部件，包括萃取化学品室安全壳结构、管道、电气部件、输送管、暖通空调（HVAC）装置、龙门起重机和楼梯。

3）拆除、调整和处置屋顶板、屋面卷材、结构钢框架和柱子。

（4）萃取室（XC-1、XC-2 和 XC-3）

使用锤子或处理器拆除、调整和处置萃取室的钢筋混凝土墙。

（5）废气操作通道（OGA）、酸回收室（ARC）、废气鼓风机房（OGBR）、酸回收泵房（ARPR）、废气室（OGC）

1）拆除、调小和处置酸回收室西侧的混凝土砌块墙，从最高标高处开始，包括废气操作通道和南面楼梯。并拆除附着在墙壁上的剩余电气部件和管道。

2）由于放射性水平升高，计划在拆除前在酸回收室地板上进行锯切，以实施额外的辐射控制措施，并最大限度地减少拆除期间空中释放增加的可能性。将拆除酸回收室地板（如有必要，将提供便携式通风控制装置），并将碎片降落到酸回收泵房和废气鼓风机房。然后，酸回收室的剩余部分将被移除。

3）从西侧开始，向东锤击或处理废气鼓风机房和酸回收泵房的钢筋混凝土墙。

4）如前文所述，对酸回收室地板一样，计划在拆除前在废气室里进行锯切。锤击或处理废气室的钢筋混凝土墙。使用锯切技术将东北墙作为一个单位或分段移除、缩小和处置。

5）缩小剩余的内部部件，包括管道、电气部件和平台。

（6）通风排气室（VEC）

1）使用锤子或处理器拆除、调整和处置通风排气室的钢筋混凝土墙。

2）拆除、调整和处置剩余的内部部件，包括鼓风机、过滤器外壳和相关管道系统。

3）锤击通风排气室中剩余的烟囱钢筋混凝土部分。

（7）主烟囱

2018 年，拆除并处置了主烟囱的上部不锈钢部分。采用常规拆除方法拆除、调整和处置主烟囱的下部压力喷浆部分，并进行包装处理。

（8）热酸室（HAC）和工艺化学品室（PCR）

1）从最高标高处开始，拆除、调整和处置热酸是的混凝土砌块墙，包括剩余的电气部件、连接到墙壁的管道和辅助鼓风机装置。当到达与通风排气室共用的墙时，这部分拆除活动可能会暂时停止。根据放射性条件，可将污水坑区域作为整体拆除。

2）拆除、调整和处置工艺化学品室的混凝土砌块墙，包括剩余的电气部件和连接到墙上的管道。SGN 样品传输系统将全部拆除，且不缩小尺寸。

（9）化学处理室

1）使用锤子或处理器拆除、调整和处置化学处理室的钢筋混凝土墙。

2）拆除化学处理室机架，并作为废物进行包装。

3）拆除化学处理室屏蔽窗，并在拆除过程中进行隔离，以便单独包装处置。

（10）上萃取通道（UXA）和控制室

1）拆除上萃取通道中的剩余设备、电机控制中心和管道。拆除、调整和处置上萃取通道屋顶、墙壁和地板。

2）拆除、调整和处置控制室面板和剩余仪器。

3）拆除、调整和处置附近之前未拆除的混凝土砌块墙，直到上萃取通道和下萃取通道。

（11）分析和工艺化学热室

1）拆除、调整和处置通道和实验室周围的混凝土砌块墙。

2）使用锤子或处理器拆除、调整和处置热室的钢筋混凝土墙。污染水平可能需要对热室地板衬垫的某些区域（即，热斑周围的锯切或锤击）专门缩小尺寸。

3）拆除屏蔽窗，隔离并进行单独包装，以备处置。

（12）废液室

1）从上到下拆除、调整和处置屋顶和墙壁。水泥浆之前已添加到废液室的地板上，直至贮罐底部。

2）拆除九个废液室贮罐，并准备作为废物进行处置，且无需缩小尺寸。

3）拆除内部临界屏蔽墙，直至核电厂标高 100 英尺（约 30.5 m）左右。

4）拆除贮罐后，将类似于豆砾石的填料填充在废液室的下部。砾石层将用作放置从热室放下来的窗户的基础。

（13）通风清洗间

1）用锤子或处理器拆除、调整和处置通风清洗间的钢筋混凝土墙与屋顶/天花板，直至工艺机械室墙。同时，使用锤子或处理器拆除通风供应室土墙，直至工艺机械室墙。

2）拆除、调整和处置剩余的内部部件，包括通风供应室的垫圈、管道、鼓风机、加热器和公用工程管道冷却盘管。

3）从通风清洗间墙上锤击钢筋混凝土泵壁笼。

（14）铀产品室

1）拆除、调整和处置铀产品室（控制室、实验室区域、上萃取室和下萃取室的部分区域）上方的混凝土砌块墙，包括剩余的管道、电气部件、输送管、控制柜、平台和实验室通风橱。移除上覆材料和结构钢框架，直至铀产品室暴露出来。

2）从东侧向西锤击或处理铀产品室的钢筋混凝土墙。随着拆除工作向西进行，铀产品室的天花板将与墙壁一起拆除。与燃料接收和贮存设施共用的北墙不拆除。

3）在不减小贮罐尺寸的情况下，拆除铀产品室工艺罐。贮罐将进行整体包装，以便进行废物处理。随着部分墙壁和天花板的拆除，可以拆除贮罐，为用拆除挖掘机从铀产品室中拆除贮罐提供足够的通道。

4）拆除、调整和处置剩余的内部部件，包括管道、电气部件和平台。

（15）铀装载以及产品包装和搬运（PPH）区

1）拆除、调整和处置铀装载以及产品包装和搬运区天花板以及混凝土砌块墙，直至 WRPA（废物减少和包装区）码头和铀装载板层，包括结构钢框架和柱子，以及连接到墙壁的剩余电气部件和管道。拆除内部部件，包括泵、便携式通风装置（PVU）、输送管和废水处理滑轨。产品包装和搬运区拆除可能会在与铀产品室共用的西墙处暂时停止。铀装载拆除将在与 FRS 共用的北墙处停止。

2）在不减小贮罐尺寸的情况下，拆除铀装载工艺罐。贮罐将进行整体包装，以便进行废物运输。在此阶段，可能需要部分拆除屋顶结构，以便使用拆除挖掘机将贮罐从铀装载中移除。

3）用灌浆或其他方式填充相对较大的产品包装和搬运区不锈钢衬里污水坑，以防止积水/渗透。

（16）废物减少和包装区

拆除 WRPA 码头结构和砌块墙，包括隔开的汞减排系统贮罐。

（17）通用室起重机房围护结构（GCRE）

1）拆除、调整和处置金属薄板壁，包括连接到墙上的剩余电气部件和管道。拆除、调整和处置屋顶板、屋面卷材、结构钢框架和柱子。

2）为从 GCRE 到通用室起重机房扩建部分（GCRX）的舱口提供天气保护。

3）拆除、调整和处置化学处理室北墙和设备去污间屏蔽门的剩余部分。

（18）化学处理室顶层建筑

1）100 t 的化学起重机房（CCR）屏蔽门将下降到 CCR 中。

2）常规拆除普通低风险、砌块墙结构的门式起重机外壳。

3）拆除并缩小 CCR 屏蔽门（3M−2）。

（19）设备去污间

1）使用锤子或处理器拆除、调整和处置设备去污间的钢筋混凝土墙。

2）拆除起重机和大车，并作为废物进行包装。

3）拆除设备去污间屏蔽窗，隔离并进行单独包装，以备处理。

（20）工艺机械室

1）拆除工艺机械室屏蔽窗并进行隔离，以便单独包装处置。

2）使用锤子或处理器拆除、调整和处置工艺机械室的钢筋混凝土墙。

3）由于工艺机械室工作台是地板衬垫的一部分，且位于不大于 31.4 m 的厂房标高处，因此将该工作台予以保留。

4）如果之前没有填充，则填充工艺机械室的剩余部分，以防止积水/渗透。

（21）工艺机械室起重机房围护结构（PMCRE）和顶层建筑

1）对于 PMCRE，常规拆除普通低风险的金属薄板结构。

2）55 t 的混凝土工艺机械室屏蔽门将下降到工艺机械室起重机房（PMCR）。

3）PMC 顶层建筑或门式起重机外壳将作为普通低风险、砌块墙结构的常规拆除进行拆除。

（22）工艺机械室起重机房

1）使用锤子或处理器拆除、调整和处置 PMCR 的钢筋混凝土墙，留下工艺机械室门，以便随后对工艺机械室进行拆除。

2）在进入 PMCR 之前，拆除起重机，并进行包装以待处置。

3）拆除 PMCR 屏蔽窗，隔离并进行单独包装，以备处理。

4）拆除、调整和处置 PMCR 屏蔽门。

（23）产品纯化室

1）产品纯化室墙将通过分段或替代拆除方法，利用额外的辐射控制措施进行拆除。

2）如果之前没有填充，则会对产品纯化室填充，以防止积水/渗透。

按上述步骤对主要设施设备进行拆除并清除碎片后，根据需要，在主工艺厂房占地面积地板上铺设砾石，以便在拆除过程中起到“缓冲”作用，以促进排水。主工艺厂房拆除前后对比示意图如图 7-3 所示。

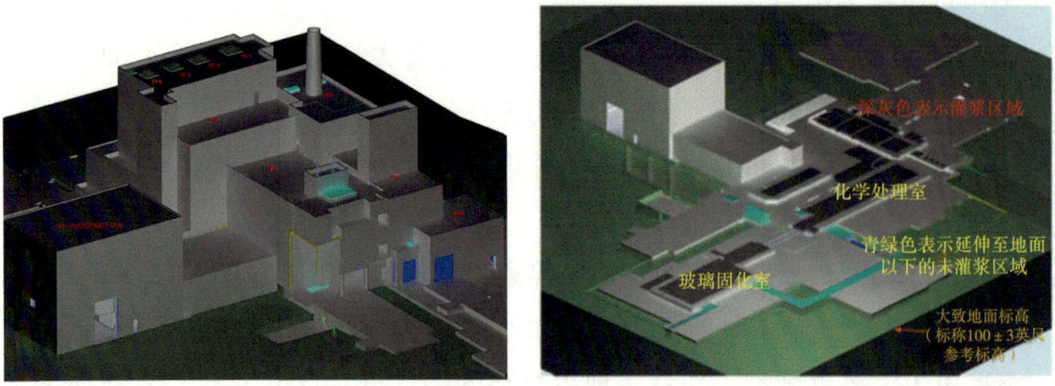

（a）拆除前（西南视角）　　（b）拆除后（东南视角）

图 7-3　西谷主工艺厂房拆除前后对照图

7.1.2　汉福特场址 U 厂退役

7.1.2.1　厂房概况

U 厂主厂房长约 247 m，宽 20 m，高 24 m（“谷底”以上 15.5 m，以下部分约8 m），墙壁和地板厚度 0.9 m 到 2.7 m 不等，热室顶部盖板构成“谷底”（操作层），占 U 厂建筑面积的主要部分。设施主要由 40 个工艺热室，一条吊车通道和三条廊道（操作廊、管廊和电气廊道）组成。廊道贯穿整个设施。图 7-4 为厂房截面图。

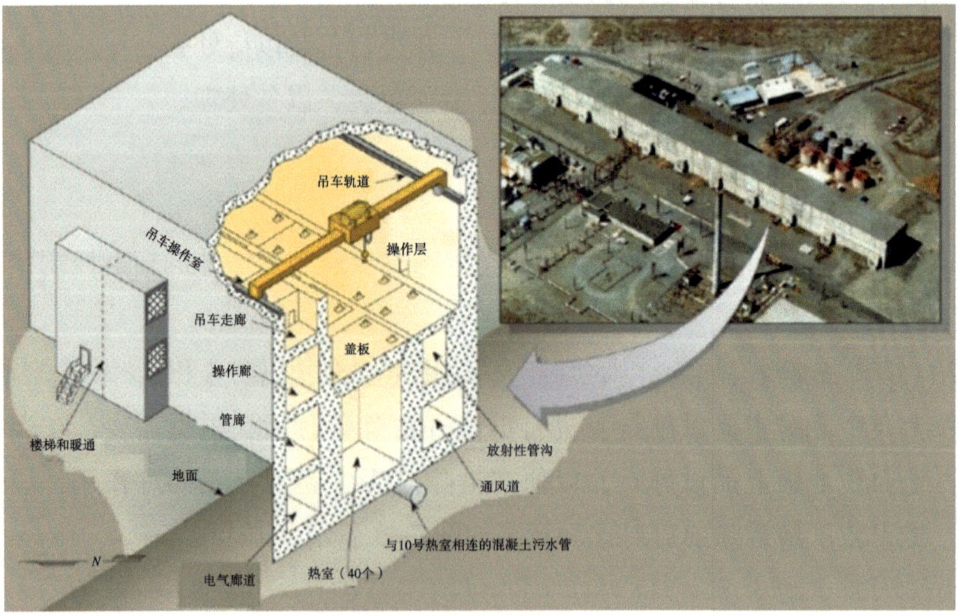

图 7-4　U 厂主工艺厂房

“谷底”以上包括操作廊、吊车轨道，“谷底”以下包括工艺热室、管廊和电气廊道。操作廊包含控制工艺的仪器等。位于操作廊的正上方的吊车走廊是两台桥式吊车的工作区域。电气廊道放置了停用的电气开关设备和其他工艺设备控制装置。管廊包括工艺设备的非放管道和阀门，并在U厂停用时进行了冲洗和排空。每个工艺热室长5.2 m，宽4 m，深6.7 m，热室顶部有四块盖板。30号工艺热室内放置有D-10号贮罐，内存有超铀废物。工艺管沟宽2.2~2.4 m不等，与工艺热室、走廊和通风管道形成相连的内部网络。另有一条直径7.3 m的外部污水处理管线位于设施东侧。

主工艺厂房主要分为工艺区和维护区。工艺区包含放射性工艺设备和控制区；维护区则布置对工艺区进行远距离操作的人员和设备。

7.1.2.2　源项调查

U峡谷设施主要由工艺区域和服务区两部分组成。工艺区污染水平很高，维护区的污染水平较低。厂房内的主要放射性核素包括^{137}Cs、^{90}Sr、^{241}Am、^{60}Co、$^{239/240}$Pu以及Eu、Th和U的同位素。

在1958年至1964年的设施去污和回收期间，获得了有关残留放射性污染的一般信息。从1998年开始，对U峡谷盖板表面和设备进行了系统的放射性污染调查。1999年，对U厂各热室进行了调查，确定了采集混凝土芯样的最佳位置，通过远程技术进行采样，对样品进行放射性和非放射性成分分析。此外，从工艺下水道、选定的工艺槽和电气廊道收集污泥样品。

DOE开发了“远距离特性调查平台”，该平台设有机器人和其他远距离机具。机器人可以对退役热室、风管、风道、管沟、运输通道进行视频记录、擦拭取样和伽马测量；用Brokk-150机器人在4个热室内钻芯取了4块混凝土样块；用GammaCam9照相机对不同的热室进行辐射场的测量；用管道机器人在直径61 cm的管道内进行视频记录、取样和伽马辐射测量。使用“远距离特性调查平台”上所设置的机器人，可以接触到以前接触不到的污染区域，对退役设施的各部分进行取样，满足厂房结构评估和放射性源项调查。

调查结果表明，造成热室污染的核素主要是^{90}Sr、^{137}Cs、^{241}Am以及U、Pu的同位素。这些区域工人无法进入。U厂的谷底主要是操作台，经过去污已经处于低剂量水平，工人可以进入；运输通道供桥式吊车从车上卸设备，运输通道被工艺相关核素污染，污染水平不高，但没有进行去污处理，人员无法进入；

放射性管沟在停用时进行了冲洗，但仍有高放射性，部分管沟的剂量达到了热室水平；通风管道与热室和管沟连通，积累有大量灰尘和颗粒物，含有高浓度的放射性核素；工艺污水处理管道中的残余污泥含有高浓度的放射性核素、多氯联苯和重金属。

7.1.2.3　去污和拆除

U 峡谷就地埋葬退役需要将 D-10 贮罐进行拆除，并将盖板上方的设备拆除至下方工艺单元和热管沟内，然后进行灌浆。

在峡谷内，支持就地埋葬退役准备活动所需的许多系统和设备（如通风、峡谷起重机、铁路隧道、电力等）已停用，且长时间未维护。由于这些系统的老化，部件的可用性是一个问题。工程师对相关系统和设备功能进行了评估。在选择翻新/重新启用现有系统的情况下，事先确定和购买必要的部件。

（1）D-10 贮罐拆除

D-10 贮罐中贮存有超铀废物，是 U 峡谷中超铀废物的唯一重要来源。最初的计划是将 D-10 中的液体装入容器中，处置在汉福特中央废物贮存综合体中。贮罐内的残余废物将用灌浆进行稳定处理，预计 D-10 贮罐清空废物后放射性能够降低到超铀废物水平之下（超铀核素含量低于 100 nCi/g）。但是在放射性调查时发现，无法达到预期目标：

1）D-10 贮罐含有超过 1 800 L 需远程处理的超铀混合废物，而不是先前估计的 757 L；

2）贮罐中的废物主要是固体，而不是先前估计的液体；

3）贮罐内的固体和液体中超铀核素浓度均超过 100 nCi/g 限值。

因此，修改了退役方案，改为将 D-10 贮罐进行整体拆除。首先在贮罐中添加吸收剂，以稳定液体，然后将罐中废物回取出来，对贮罐口进行密封处理。然后将贮罐装入屏蔽容器中，将其转移到汉福特场址内暂存库进行贮存。

首先进行了专用运输车、屏蔽容器的设计，并研究了转运过程的安全性等问题。然后对贮罐情况进行调查评估，检查了贮罐的结构和腐蚀情况，过程中贮罐被整体吊起，使用桥式吊车将摄影和照明设备降到适当位置拍摄贮罐底部。吊起前贮罐所有的开口都进行了封堵，并在主开口安装了高效微粒空气过滤器。最后通过吊车通道将贮罐从 30 号工艺热室移动至 3 号热室的转运车上，并运送至暂存库。

(2) 设备处置

从1958年到1964年，U工厂用于接收、净化和维护来自其他汉福特场址设施的污染设备。这些设备被放置在U厂操作层或工艺单元中。

峡谷盖板上的设备类型多样，包括126个较大的部件（如运输桶、离心机、压缩机、泵和贮罐），以及较小的部件。这些设备要转移到盖板下的工艺单元中。在U峡谷的40个工艺单元中，有37个工艺单元可用于设备贮存，如上所述，这些工艺单元已经装有一些设备，或者是原来的设备，或者是来自其他设施的设备。设备处置工作开始前对所有需要处置的设备进行了特性调查和清点，建立了一份化学物质清单。通过利用静态照片和视频片段进行全面工程研究，工程师评估遗留物品的尺寸，与工艺单元内的可用空间进行比较，以确定每个工件的准确放置位置和方向。为了更有效地利用单元空间，最大限度地减少工人辐照，并促进具有较大内部空隙空间设备的灌浆，制定了将大多数大型设备转移到特定工艺单元的路径，还打开所有设备的盖子，使设备的空隙在后续的灌浆工作中能被填满。

在此过程中视情况对少量设备进行了切割以缩小尺寸，使所有设备能放入工艺热室。一般工业用途的尺寸减小技术，即刀具、孔锯、机械锯和移动剪切机，被用于此操作。

(3) 去污

在厂房的地面上和设备上均涂抹了固定剂以固定污染物，将设备移动期间的空气传播污染降至最低，在此使用了聚合物屏障系统（[PBS] MSDS032197）固定剂。移动设备前在设备和地面进行固定剂喷涂；在移动设备后，在设备原来位置的地面上进行固定剂喷涂。

在峡谷（地面及至2.44 m高的墙壁）和铁路隧道（地面及至2.44 m高的墙壁）使用了固定剂。峡谷盖板地面进行了两次喷涂。根据对峡谷和铁路隧道天花板和上壁（2.44 m以上的墙壁）进行的放射性检查，其不需要使用固定剂进行去污。

(4) 灌浆

为配合灌浆工作，首先在施工现场建造了一座搅拌站，并铺设了专用的运输通道。灌浆采取在灌浆部位钻孔并插入浇注管的方式，将水泥浆灌入需要灌浆的空隙中。在峡谷外壁钻了11个浇注孔，放射性管沟盖板上钻了9个浇注孔，每个工艺热室至少钻2个浇注孔，外部通风系统钻了12个浇筑孔。对于包含设备的工艺单元，有的在灌浆期间可能会产生浮力，因此移除了盖板，以便对设备内部进行手动灌浆。而对有的工艺单元，在盖板上进行钻孔，以尽量减少需要拆除盖板的数量。

灌浆水泥的配方需要满足一系列的性能标准。第一是 28 天抗压强度为 5.7 MPa，第二是流动距离为 24 m。水泥在实际应用中应该最大限度减少空隙，降低废物的流动性、溶解性和毒性，并且还要对放射性核素有良好的屏蔽性。粉煤灰是灌浆水泥的重要成分，形成“可流动灌浆”，易于通过狭窄开口以及管道和管道系统内部流动。

空隙灌浆从试验间 10 号单元开始，然后进行灌浆的顺序为：

1）热室排水集管和工艺污水管；

2）工艺单元；

3）热管沟；

4）电气和管道廊道；

5）通风管道、通风管道、砂滤帽和排气管道。

以这种顺序对空隙灌浆的主要目的是首先灌浆污染最严重的区域，然后灌浆工艺废物系统，以防止其未来从峡谷中泄漏。此外，该顺序允许峡谷通风系统在灌浆的大部分过程中保持运行，从而降低气载污染的可能性，并在灌浆操作期间加强工人保护。

U 峡谷在热管沟灌浆过程中有一个教训是，灌浆流经反向 P 形捕集器，并流到通风隧道中。应确保在添加灌浆之前识别所有可能的灌浆流动路径，并安装适当的屏障。如果可能，在完全填充该区域之前，应验证屏障的有效性。

拆除贮罐 D-10 和完成灌浆后，U 峡谷设施降级至低于危险类别 3 的等级。

7.1.2.4 上部拆除和工程屏障建造

在灌浆完成之后，U 峡谷“就地封闭/部分拆除”方案的最后两个阶段包括拆除峡谷上部结构，留下拆除碎片，并在拆除的建筑物、邻近的废物场地和拆除的结构上设置防护屏障。

目前，正在开展一些拆除准备活动，包括：

1）危险材料的清除和处置；

2）管道排水和拆除；

3）石棉清理。

正在考虑的拆除方法包括控制爆破和人工方法，包括切割、破坏球和凿岩锤。

U 峡谷的工程屏障将由三部分组成：工程填方、工程屏障（屏障功能部分）和侵蚀防护。屏障顶部高出周围坡度约 10.7 m。

工程屏障的性能标准为：

1）防止迁移速率（recharge rate）的长期平均值超过 3.2 mm/a，以减轻或消除污染物迁移至地下水的可能性；

2）在至少 500 年的使用寿命期间提供所需的密封；

3）建造时对工人安全和环境的潜在影响降至最低，使用成熟的技术，同时考虑成本和进度问题。

为准备工程屏障建造，已在 U 峡谷设施处准备了屏障填充材料。183 kW 沉淀池和 Igloo 场址（美国原黑山军械库，用于储存弹药）WIDS 废物场 600-275 的混凝土碎石，以及 WIDS 废物场 100-C-7、183-C 过滤厂房/泵房设施的混凝土碎石和开挖土及拆除废物，已获准用于 U 峡谷屏障。

工程屏障设计将在长达 500 年的时间里能够控制潜在污染物迁移。

7.2 法国 UP1 后处理厂

7.2.1 厂房概况

UP1 厂的总平面布置比较紧凑，其分布及功能见图 7-5，主要由以下部分组成：

1）高活度厂房：MAR200 厂房负责乏燃料溶解工艺，石墨堆乏燃料在此溶解；HA100 厂房布置有普雷克斯工艺设备，铀和钚在此分离，在玻璃固化之前提取和浓缩裂变产物；

2）中活度厂房：MA100 负责生产 Pu 成品以及处理受 α 污染的废物；

3）公用工程和废物处理的配套设施。

7.2.2 源项调查

7.2.2.1 一般技术

为了进行 UP1 厂退役等活动的放射性调查，除了常规放射性调查技术，CEA 研发和使用了多种技术和工具：

1）用于绘图的 γ 和 α 照相机，这对于恶劣环境下判断操作场景并做出援助判定是很必要的；

2）用于评估构件活度的计算工具；

3）用于检测表面铀污染的便携式系统；

4）β 发射器（如氚）自动射线照相技术；

5）用于物料的就地激光测量的 LIBS；

6）优化测量和取样的地质统计学方法；

7）α 和 β 成像和主动、被动中子测量技术。

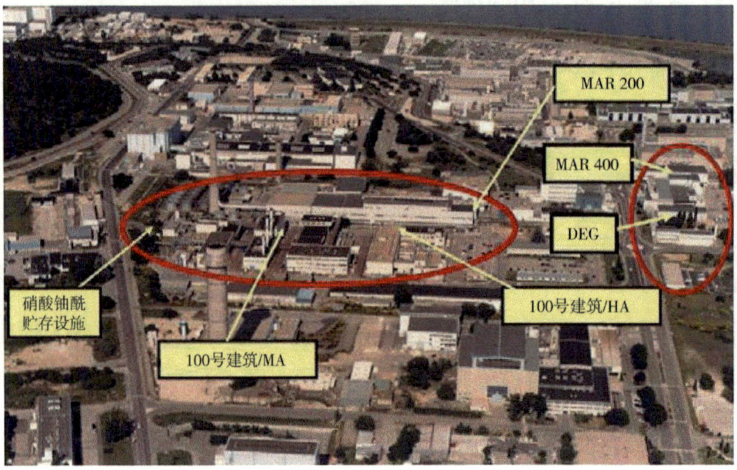

（a）厂房分布

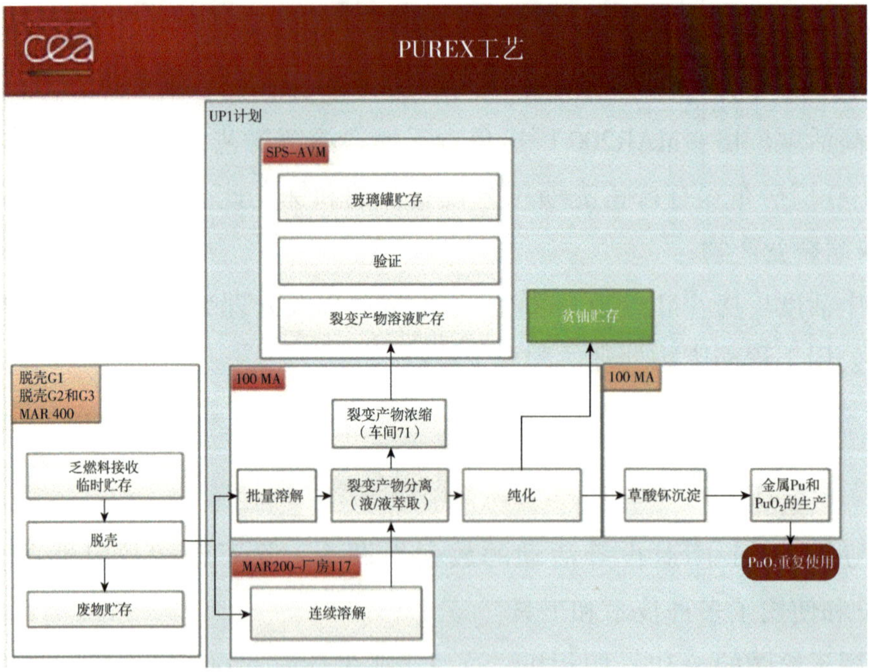

（b）厂房功能

图 7-5　马库尔 UP1 厂（HA/MA）和脱壳车间（DEG/MAR400）

7.2.2.2 源项调查案例

在 UP1 厂，许多手套箱在拆除之前必须进行去污。为获得符合地面处置要求的废物，主要目标是证明每个手套箱的辐射低于 37 GBq（即相应的 Pu 同位素成分大约为 10 g）。历史上，用于这种标定的方法为基于擦拭和剂量率测量法，推断手套箱中 Pu 的质量，这种方法具有非常高的不确定性。1998 年，AREVA NC 公司决定采用新的标定工具，满足退役项目的性能目标。这些工具由 MGA Pu 同位素成分和 ISOCS 3D 建模代码相关的便携式锗伽马能谱仪组成。

（1）测量方法和相关工具

在现场部署新的标定方法和新系统的要求如下：

1）确定 Pu 同位素的含量；

2）测量在手套箱和处理设备中所有 Pu 和 Am 同位素的放射性；

3）处理 1~100 g 的 Pu。

在项目开始时，能够满足这些要求的唯一工业测量系统为美国 Canberra 公司开发的 ISOCS 系统（现场物体计数系统），见图 7-6。该系统包括带屏蔽和运输滑轨的锗探测器，便携式信号采集和处理系统，以及确定 Pu 同位素含量（MGA）并计算被标定（ISOCS）的每个复杂对象效率曲线的软件，这些复杂对象不需要之前的校准。

图 7-6 安装在手套箱前面的 ISOCS 系统

利用该工具，在马库尔实验室的 AREVA NC 工程师开发了一种方法，目的是以能接受的不确定度和周期小于一周（包括安装 ISOCS 系统，对手套箱建模，进行通用和准直的系列测量，以及评估结果等）的方式，现场测量每个手套箱（包括其中的处理设备）中的 Pu 存量。

开发人员开展了下列连续行动：

1）在准备期阶段，收集将要进行标定的手套箱相关数据（手套箱的详细图纸，包含故障记录的操作日志本）；

2）用引入手套箱中的准直 NaI 探测器（或使用 Canberra 公司 CARTOGAM 伽马照相机）搜寻可能积累 Pu 的区域；

3）使用 ISOCS 对手套箱进行通用测量；

4）主要针对手套箱内部的处理设备项目或以前确定具有放射性材料积累的区域进行的准直测量；

5）各种准直和通用放射性测量之间的比较；

6）确定包含在手套箱中 Pu 的总质量；

7）将包含放射性材料位置的该结果，提交给负责规划和去污工作的工程师。

（2）在设施中安装 ISOCS 系统

通过 ISOCS 对手套箱中 Pu 总量的测量，结果显示：去污之前的手套箱，17 g±50%的 Pu；去污之后的手套箱，4.5 g±50%的 Pu。

对容器进行被动中子测量，收集手套箱去污过程中所形成的粉末，结果：容器中包含去污工作形成的粉末：9 g± 30%的 Pu。

三个测量结果之间的一致性非常好，支持了对马库尔开发的方法论的验证以及对 Canberra 公司 ISOCS 系统的使用。

（3）运行反馈

遇到的主要困难有：

1）收集与将要进行测试的系统特征相关的足够精确的数据（图纸丢失或未更新）；

2）收集与手套箱以及内部设备操作相关的历史数据；

3）在对手套箱进行测量时，接近手套箱并限制相邻放射系统的影响；

4）出现几个不同同位素成分的连续污染层。

负责试验计划的 UP1 厂操作人员，通过其知识诀窍和专门技术克服了这些困难，并对钚处理设施所有手套箱以及设备中的残留 Pu 提供了精确的测量。

该 ISOCS 系统标定了马库尔钚处理设施中大约 70 个手套箱，大多数手套箱包含复杂形状的处理设备。ISOCS 系统还被进一步应用于支持 UP1 厂其他核设施的去污项目。

（4）应用于去污和退役的新的 CANBERRA 工具

为增强以前用于清洗所有 Pu 污染设备的技术，阿海珐开展了下列研发工作：

1）在 Ge 探测器中避免使用氮的 FALCON 系统；

2）升级 ISOCS 软件；

3）新的 MGA 和 IGA Pu 同位素成分软件。

阿海珐还针对其他高放车间研发了相关设备和技术：

1）为 Inspector 1000 使用 CZT 探测器；

2）连接 MERCURAD 剂量率建模代码的新的小型 GM 管；

3）用于更低剂量率测量的新型伽马照相机。

a. FALCON 系统

Falcon 5000™ 是基于高纯度锗探测器的先进便携式放射性核素识别仪。Falcon 脉冲管的电子冷却，消除了液态氮的干扰而不会损失能量分辨率。其冷却快速；可以在三个小时内备用。对于去污和退役应用，FALCON 使测量比采用以前的氮冷却探测器更加容易。

图 7-7　FALCON 系统

b. 升级 ISOCS 软件使用户看见其在 3D 中的建模

ISOCS 系统从模板确定活度的功能已经很强大。新的 3D 设计者使几何形状的生成更快和更容易，同时保持与现有设计者相同的功能。用其创建的几何形状的实时三维可视化，能够立即识别错误。

c. 新的 MGA 和 IGA 同位素成分分析软件

CANBERRA 公司于 2009 年发布 MGA V10 的新版，以及新的 IGA 软件，用于评估 Pu 同位素成分。IGA 由 CEA-list 实验室和 AREVA NC 公司合作开发。这两个软件能够为用户给出用于确定 Pu 同位素成分的能量曲线。该曲线现在可以在 Genie 2000 伽马能谱软件中与 ISOCS 曲线进行比较。这两条曲线之间的差异通常是由于错误地建模假设，因此这种对比可以对假设进行验证。

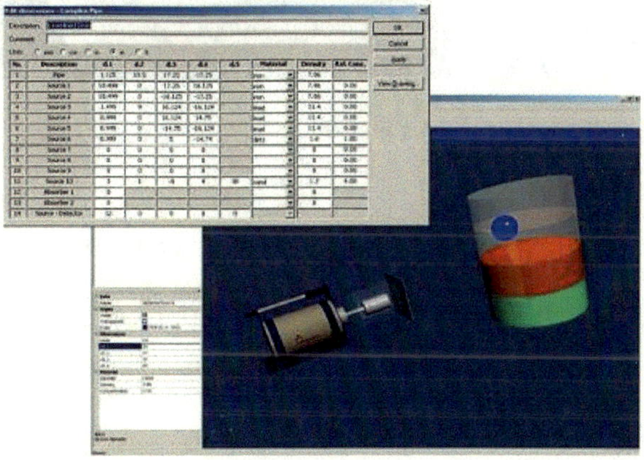

图 7-8　ISOCS 软件

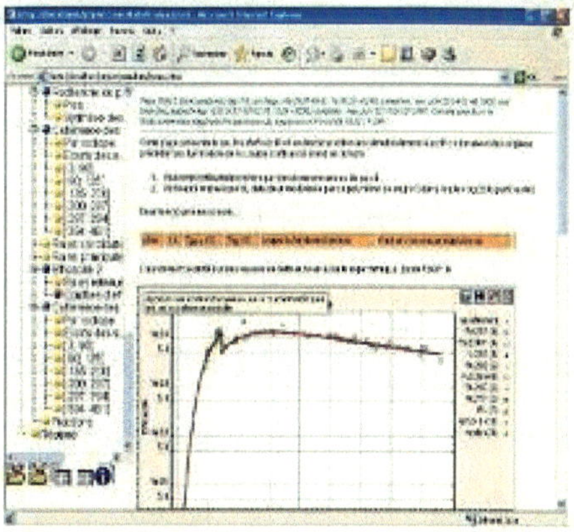

图 7-9　IGA 软件

d. 用于 Inspector 1000 的 CZT 探测器

Inspector 1000 最初设计用于支持 NaI 和 LaBr 探针，测量非常低的剂量率。Inspector 1000 能够支持 CZT 探测器的不同范围，可以在高达 200 mGy/h 的热室中进行伽马能谱测量。探针直径小于 9 mm，电缆长度达到 20 m，可以在高活度房间中进行复杂的研究。

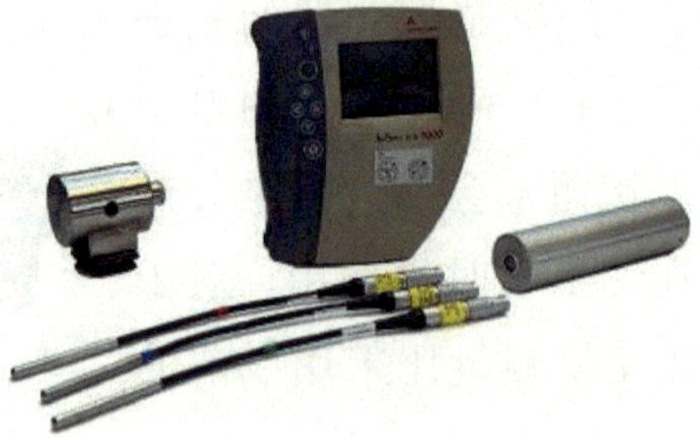

图 7-10　CZT 探针和 INSPECTOR 1000

e. 连接 MERCURAD 剂量率建模代码的新的小型 GM 管

为描述热室的活度分布，CANBERRA 公司开发了新的工具，广泛用于 UP2-400 后处理设施的退役。为非常小型 GM 管（直径<9 mm）开发的新型适配器，使该系统更便携。从这些工具的剂量率绘图来看，其与 CEA 和 AREVA NC 公司合作开发的 MERCURAD 剂量率代码允许使用不同的位置假设，对活度进行描绘。

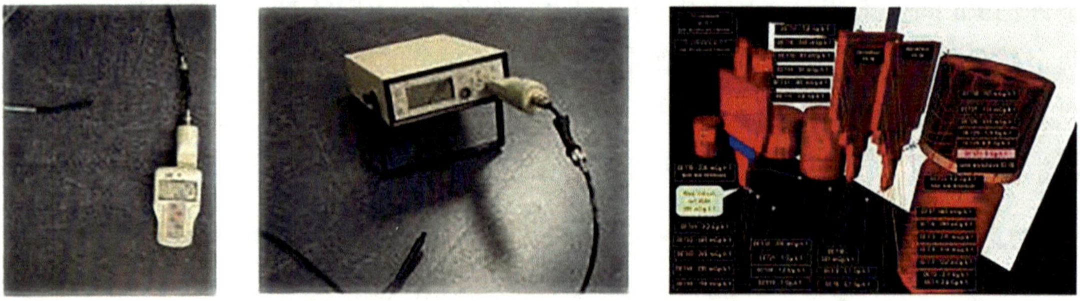

图 7-11　GM 管和 MERCURAD 剂量率建模代码

f. 用于更低剂量率测量的新型伽马照相机

CARTOGAM 伽马照相机由 CEA-List、AREVA NC 公司以及 CANBERRA 合作开发，该系统可以非常快速提供重叠的可视和伽马图像。利用新技术能够开发出更加紧凑和更轻便的照相机。

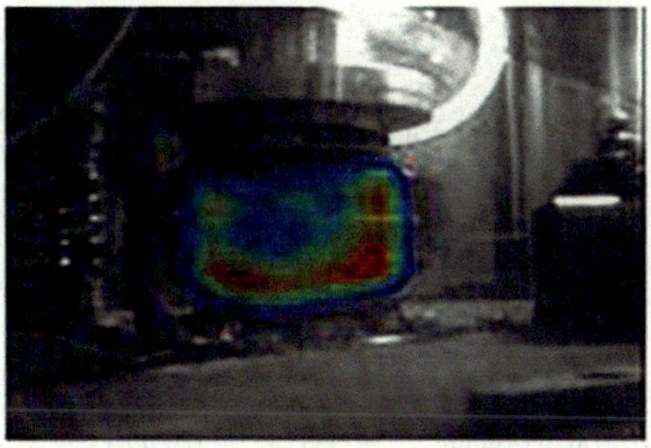

图 7-12　用 CARTOGAM 叠加的可视和伽马图像

7.2.3　退役去污

工艺设备首先由常规反应物（HNO_3、NaOH）漂洗，之后用诸如高锰酸钾、草酸和 HF 或铈（IV）等特殊反应物进行漂洗。UP1 清洗作业的总体成果见表 7-3。

表 7-3　清洗作业的成果表

回收的 Pu 的重量	9 kg
回收的 U 的重量	329 kg
移除的放射性	403 409 Ci
化学清洗产生的废液	2 600 m^3
从最终关闭作业开始的人工（人数×小时）	260 000 h

下文给出了确定的去污剂量目标。这些目标值并没有被作为强制标准，而更多是作为指导性标准。

（1）规定的放射学标准

1）辐射剂量率低于 0.2 mGy/h；

2）直接接触测量没有高于 10 mGy/h 的热点；

3）所有房间残留污染物低于 1DAC（导出空气浓度）；

4）非固定表面污染必须低于 100 Bq α/cm^2。

（2）规定的清洗标准

每条清洗回路（除了 U 工艺管线）化学溶液中 Pu/U 浓度低于 0.5 mg/l。

（3）手套箱

手套箱和（Pu 工艺管线中的）设备内残留的 Pu 污染低于 3.7×10^{10} Bq。

对于金属表面去污，使用的主要技术是：

(4) 机械去污，例如：擦洗、超声波、喷砂、干冰或喷雪、高压水喷射(压力范围从 300~2 500 bar 之间) 等。

(5) 化学去污，例如：使用中性的或腐蚀性的试剂，电化学处理，使用泡沫、凝胶体和擦拭等。

对于混凝土表面去污，混凝土表层（例如油漆层）去污采取的方法是空气锤或针锤、混凝土破碎机、混凝土钻孔机（用于过滤器室）。

作为避免去污过程后潜在的放射性传播的预防措施，使用涂层的方法。

对于手套箱的去污，使用了真空清洁器、用于刮和擦手套箱内侧的小型加工装置，以及用于表面清洁的擦拭装置。

对于 UP1 的去污项目，开发了三种特殊的远程工具：空中、水下和地面远程工具。目的是建立根据工具和供料的空中、地面和水下远程操作的通用方法。

为了在加强去污效能的同时使产生的废液及固体废物最少，使用一个已改进过的程序。根据每次去污操作后放射性物料量的情况确定下一步操作。在去污工作结束前，应了解处理乏燃料的性能及物料量以及每间房的放射性状况。

7.2.4 退役拆除

7.2.4.1 拆除技术

对于拆除，通常采用现有技术（锯、铣、剪切等）。对于非常苛刻的环境，采用远程操作技术，如小车、机械臂和伸缩架。

可以使用许多种拆除技术。用于使放射性金属设备、管件、受污染罐以及混凝土结构解体的机械和热切割技术有爆燃雷管切削技术以及高压水喷磨切削技术。

用于拆解工作的多数工具都是标准的现货供应工具，由操作人员直接接触使用，包括：

(1) 用于机械切割的工具

1) 圆锯；

2) 换向锯；

3) 圆盘研磨机；

4) 剪切工具；

5) 板料切锯机。

（2）热切割工具

1）等离子弧炬；

2）氧—燃气热切割技术。

对于不能实现直接接触操作的特殊区域，开发包括远距离操作工具的工具箱。机器人和遥控技术可以极大地降低累计剂量，可以在工厂关闭后的任意时间拆除操作而不必考虑放射性物质的衰变情况。机器人和遥控技术有：

（1）改进的专用工具，例如：用于溶解器的电动杆。

（2）普通部件，例如，具有三个轴向手柄的遥控履带牵引装置。

一般情况下，对于一个给定的拆除操作，遥控技术和机器人在操作中所占的比例大约是20%，在一些特殊区域可达50%。

7.2.4.2 MAR 200溶解设施通风系统拆除案例

MAR 200是UP1厂内具有高放射性的连续溶解设施。在20世纪80年代初期，由于受各种操作事故的影响，导致MAR 200通风系统被迫关闭并替换。由于高放污染、材料辐射、空间形状和进入受限，因此开发了两种远距离控制工具运载车，对该通风系统进行去污和拆除操作。该项目主要目的是在进行拆除操作之前，回取通风管道内的粉末沉积物。回取目标是95%的粉末。

（1）使用机器人对通风管去污

由于污染区测量到的剂量率太高，因此远距离操作是进行去污工作的唯一方案。由于临界风险不能被排除在分析结果之外，因此在粉末回取及处理方面要求增加工具的复杂性。

对于粉末回取，一台全新设计的小型专用机器人完全适用于该环境下的限制条件。实际上，用替代物的初步分析和非放试验（全尺寸）显示，可在管道水平方向上用远距离控制机器人进行粉末回取。这些试验结果也用于确定软管材料和软管卷盘的控制方法，以便尽可能减少回取操作中粉末在软管内沉积。

所设计的工具运载车可通过特殊开口插入，并携带各种清洁和检查工具（见图7-13）。每台机器人都配备了一个吸嘴，通过软管和卷盘组件连接到硝酸溶解装置。

图 7-13　进入通风管道内的远距离控制工具运载车

工具运载车通过两台新的专用手套箱进行管理，并通过位于邻近廊道内的远程终端进行控制。这两台手套箱连接通风管道，并部署远距离检查、回取和去污设备（见图 7-14）。第一台手套箱允许进入管道并对远距离运载车进行维护操作，而第二台手套箱设有软管卷盘。

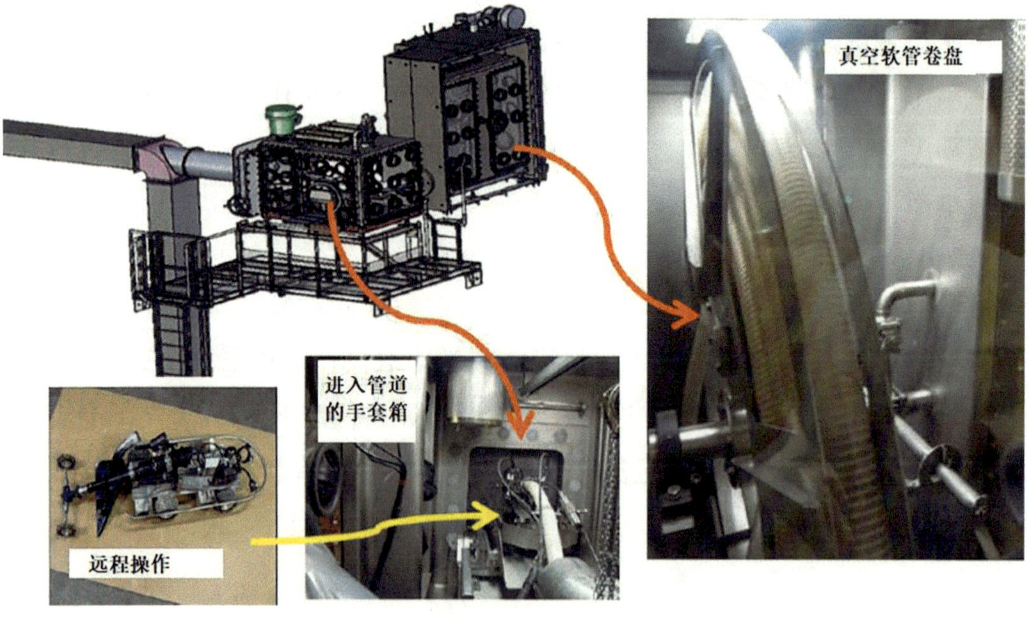

图 7-14　连接通风管道的两台新手套箱

（2）拆除过滤室和相关管廊

过滤室长 15.7 m、宽 11 m、高 6 m，包含 28 个过滤箱和相关排风口。每台过滤器长 1 m、宽 1 m、高 5 m。一共有 3 套通风管网：高流量（HF）、中等流量（MF）和轴储存（ST）。管廊长 39 m、宽 3 m、高 1.40~3.20 m。

为了增加对管廊初始状况的了解，用远距离控制机器人 EDI（见图 7-15）执行进一步调查。EDI 是一台装备测量探针（具备远距离传输功能）的轻型运载车，同时在顶部安装 1 台半球形摄像机，在后端安装 1 台固定摄像机和 2 台照明设备。后来该机器人也用作协助远距离控制装置进行切割操作（提供照明并向控制室传输视频图像）。

图 7-15　EDI 机器人

根据要进行工作的类型（调查和表征、切割、喷涂固定、混凝土打磨、热点钻孔、真空吸尘等）以及待拆除房间和设备的形状限制，基于 Brokk 40 平台开发了不同的机器人工具，具体的改造考虑到核的限制。

通常，远距离控制运载车及其机械臂装备了不同种类的清洁和拆除工具，如圆盘砂轮、处理混凝土热点的气钻、搬运金属板或碎片的液压（或电动）抓取器、真空吸尘器等。该设备还装备了测量探头、摄像机和照明系统等。

中央控制室通过摄像机和辐射探头控制 5 台远距离控制运载车（见图 7-16），来拆除过滤室和管廊：

（1）EDA 机器人运载车用于切割过滤室内过滤箱下段、进行清洁作业（吸尘、涂漆等）和搬运金属板或残渣。

（2）EDD 机器人运载车设计用于高处作业。该设备是配备 Brokk 40 机械臂的 TOUCAN 800 升降台，用于切割过滤箱上段和管道以及前两米的管廊段。

（3）EDR 机器人运载车替代 EDA 用于将金属板和管道段运往过滤室，进而将其切割成更小的碎片并进行废物包装。该设备还用作减少放射性热点。

（4）EDM 机器人运载车设计用于远距离部署金属坡道。拆除后保险杠后，EDM 能够爬上坡道，到达管廊坡度为 31°（相对于地平面）的 -3.50 m 高处。该设备用于拆除通风管道，然后清洁管廊的上一层面。

（5）EDG 机器人运载车的身高被优化，准备拆除 -6.00 m 高处的最后 16 m 通风管廊，这里管廊天花板高度从 2.20 m 降至 1.40 m。工具夹持设备上配备了 90°半自动旋转装置，用于多方位切割。EDG 也能清扫管廊地板并对地面除尘。

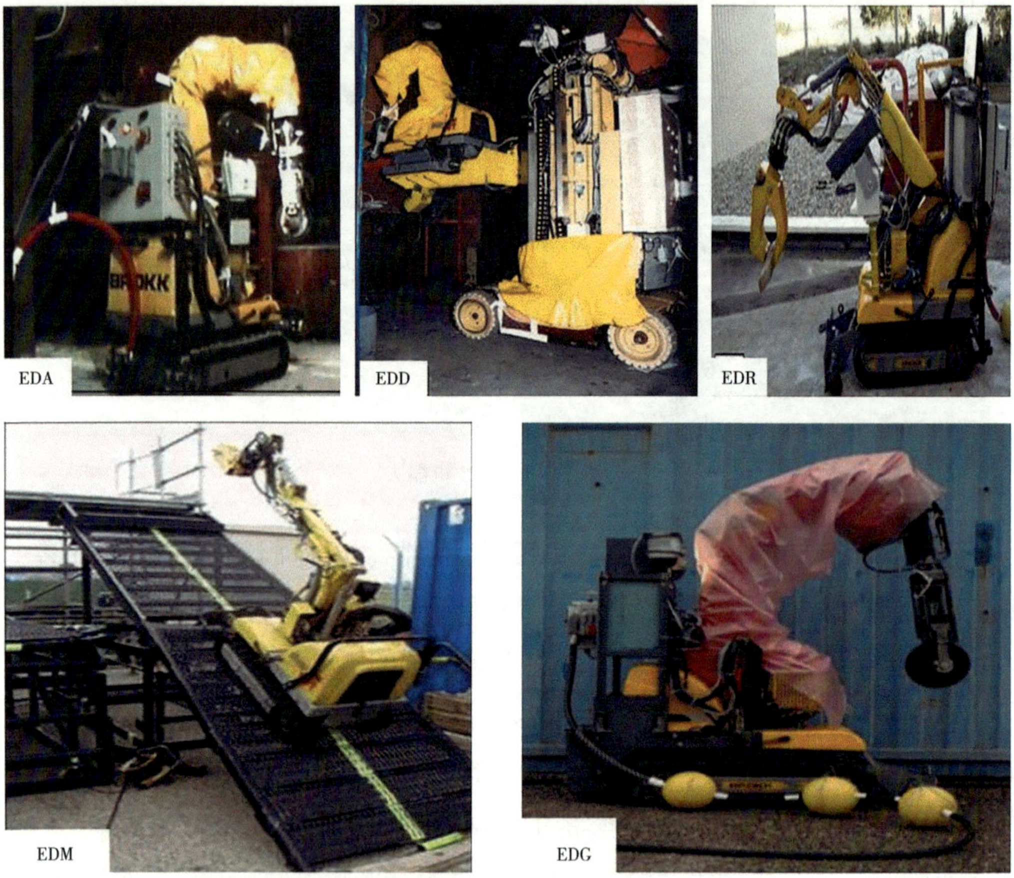

图 7-16　5 台远距离控制运载车

不同机器人工具的操作方案描述如下。

1）过滤室

拆除过滤器并将其运往马库尔去污设施；

切割并减小过滤箱、通风管道和排风口的尺寸；

用高压喷水清洗机对废金属板去污。

2）管廊

用圆盘切割机切开管道；

真空吸除灰尘和粉末，喷涂固定管道内金属表面；

用圆盘切割机切断管道；

将废金属板运往过滤室，进一步减小尺寸。

以上两种情况下，都需要对地面除尘，用气钻对剂量率高于 10 mGy/h（>1 R/h）的残留热点进行处理（直到露出钢筋），然后扫除瓦砾和碎屑。

将废物装入金属箱或 30 加仑的桶中，根据需要进行屏蔽（200 mR/h）。

对于使用机器人对通风管去污，实现了粉末回取目标。在 59 批次操作中，总共收集 452 kg 粉末，对应的总放射性为 155 TBq（4185 Ci）。最终的辐射剂量率范围在 0~37 mGy/h（0~3.7 rad/h）间，对应的去污系数约为 770。工具运载车的模块化设计有利于在前端快速安装两个切割轮，处理固体覆盖层。软管的堵塞与受环境湿度变化影响的粉末粘性有关。这些现象在设计和试验时没有考虑到，可通过空气干燥器并在手套箱入口安装比重计加以解决。

对于拆除过滤室和相关管廊，2002—2006 年进行过滤室的拆除作业，在 2006—2011 年间，拆除了管廊并对所有房间进行清洁。最终达到了合同中规定的环境剂量率低于 2 mGy/h（10 mR/h），并没有高于 10 mGy/h（1 mR/h）热点的要求。尽管气钻钻到了钢筋混凝土的第一层，但还是在某些限制区域内残留一些热点，这些已经用铅板进行了覆盖处理。引起故障最频繁的原因是砂轮和液压问题。随着时间推移，电气设备故障成为主要问题。由于设备老化（退化），故障次数和修理时间增加。因此，在使用 2000 个工时后，EDA 远程控制车辆必须用 EDR 进行替换。

通过项目所得的经验教训有：

1）对现状、环境和初始状况的精确而完整的分析，得出远距离控制操作的技术指标。

2）远距离操作通常用于极“热”的房间或设备以及用于环境空间限制的情形。

3）远距离控制装置的设计简单和模块化是至关重要的，以便在高放环境下应对此类具有不确定性的项目。

4）考虑到项目的复杂程度，为确保各种工具的正确操作，必须进行全规模非放试验。

5）为更好的了解空间内的初始状况，必须进行全面的调查和测量。

7.2.4.3 MAR200 溶解器拆除案例

CEA 选择了承包商 ONET 技术公司来设计、建造和运行整个 MAR200 拆除和废物处理系统，以拆除溶解器管线和支持系统。作为退役活动的一部分，该容器已被清空，使用各种化学品彻底冲洗，并通过高压喷枪进行清洁。尽管容器中还存留一些核材料（几克），但安全分析排除了“临界”风险。待拆除的部件主要包括 MAR200 设施中几个盲室中包含的工艺设备（容器、管道等）。溶解器由 Uranus 65 制成。

A 溶解线的远程操作拆除活动于 2011 年开始，并于 2017 年年底完成。将废物（拆除产生的残留物和金属块）包装在中间加固箱中，然后运往 ANDRA 的近地表贮存场。对拆除设备进行了去污并存放在设施内。然后将设备移至溶解线 B 位置，准备进行拆除作业。截至 2022 年，CEA 正在开展部分 B 线溶解器拆除活动。

在退役和拆除活动开始时，环境剂量率的范围从溶解器上部的（10～70 mGy/h）到 270 mGy/h，以及下部容器放射性最强部位周围的 1 Gy/h。

（1）拆除系统说明

拆除系统由两个主要子组件组成

1）远程操作处理和切割装置

远程操作处理和切割装置（见图 7-17）配有 Maestro 机械臂。Maestro 系统是 CEA 和 Cybernetix 之间 10 年研究合作的结果。该机械臂为一个 6 轴、低阻力、抗辐射、具有重载能力的液压臂。其经过专门设计和改装，可在核环境中运行，确保轻松去污，并能够在狭窄空间内高度灵活地工作。

机械臂末端配有换刀装置，可确保连接到不同工具，并通过机械臂本身提供信号和电源（高达 2 kW），从而限制了使用电气工具时对外部脐带式管线的需求。

臂的 6 个轴由重型液压千斤顶组成，其子组件主要由钛制成，允许使用高功率机械切割，如 5 kW 液压研磨机。

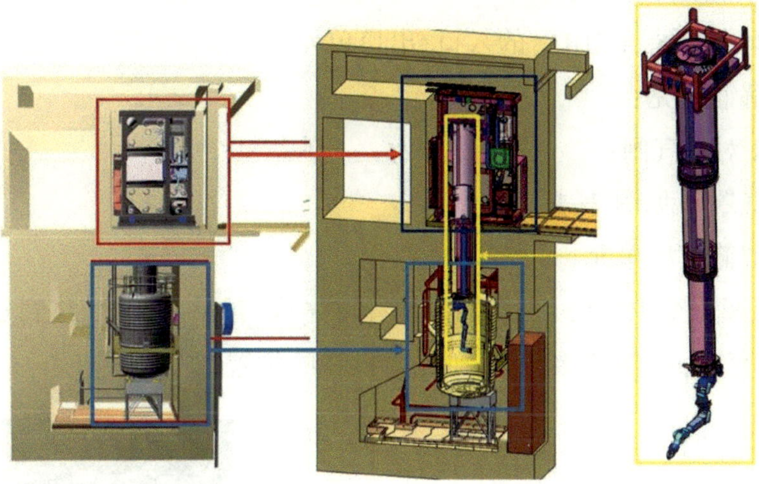

图 7-17　远程操作处理和切割装置，包括 Maestro 臂和望远镜（黄框内）

在这种最新模式下，操作员使用安装在其控制屏幕前的主动臂来操作 Maestro 从动臂。TAO 先进控制系统用于在抓取工具时监控设备的运行。其重量可进行自动补偿，操作对操作员完全透明。

CyxPro®是支持操作员与系统交互的监控软件。CyxPro®分为 2 个主屏幕，重新组合了操作系统所需的所有信息和命令，并提供配备 Maestro 臂的远程操作处理和切割装置的实时 3D 显示。

ONET 技术公司负责整个系统的集成、封装和性能。

2）废物提取和整备装置

一旦溶解器元件经切割，掉入溶解器内部或地板上的零件必须由机械臂的提升钳拾起，然后放置在朝向位于盲室一侧的废物出口装置的转移输送机中。该废物出口装置用于堆积准备送往 ANDRA 废物贮存场的成品货包。除机械运动功能外，废物提取和整备装置（见图 7-18）还包括所有必要的放射性测量设装置，以确定废物的特征，然后进行处置。

远程操作废物处理和切割装置以及废物提取和包装装置由位于设施外部的控制单元远程控制，并配备了处理拆除作业所需的所有人机界面（机械臂的主动臂、控制 PC、视频控制室、报警管理等）。

（2）废物处理装置拆卸

在溶解器 A 远程拆除结束后，所有子系统都经历了几个去污步骤，然后按照以下步骤拆除废物处理装置：

1）拆除辐射防护罩；

2）中间加固箱（BIR）的入口/出口单元；

3）溶解篮外壳；

4）BIR 对接气闸；

5）排气罩（见图 7-19）；

6）溶解篮对接单元。

2021 年 8 月至 10 月，废物处理装置首先从其初始位置转移到 6.5 m 夹层房间的临时贮存区，然后最终转移到溶解器 B 的位置。

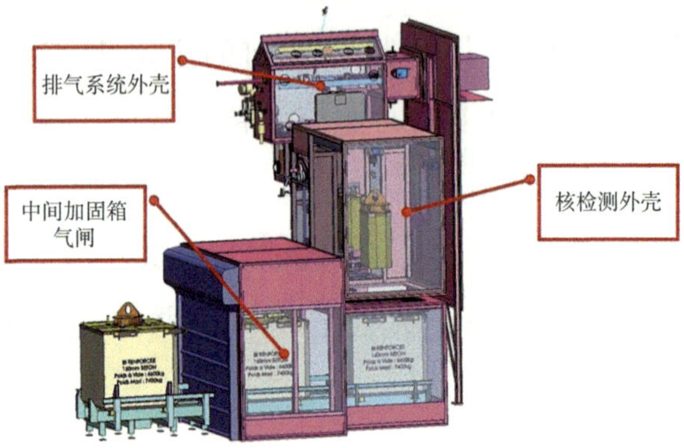

图 7-18 完整的废物提取和包装装置 3D 模型

图 7-19 排气罩搬运图

（3）在溶解器 B 位置重新组装废物处理装置

2022 年 2 月至 5 月，重新组装了该模块化设备的各个子系统，涉及同时使用两台起重机进行复杂的搬运操作，随后于 2022 年 6 月至 9 月进行了公用设施连接。

（4）石棉调查

为了排除石棉风险，将在重新开始去污和退役作业之前，从 2022 年年底开始至 2023 年全年开展调查。调查内容包括溶解器 B 室的视频调查、空气采样、对处理和切割装置、废物处理装置和排气罩进行采样，以及调查溶解器 A 室。

7.3 德国 WAK 后处理厂

7.3.1 厂房概况

WAK 厂厂房分为两个主要部分：主工艺厂房（包括所有乏燃料后处理装

置）和废物贮存设施（LAVA、HAWC、HAWA 以及 ELMA 等设施）。图 7-20 为退役中的主工艺厂房视图。

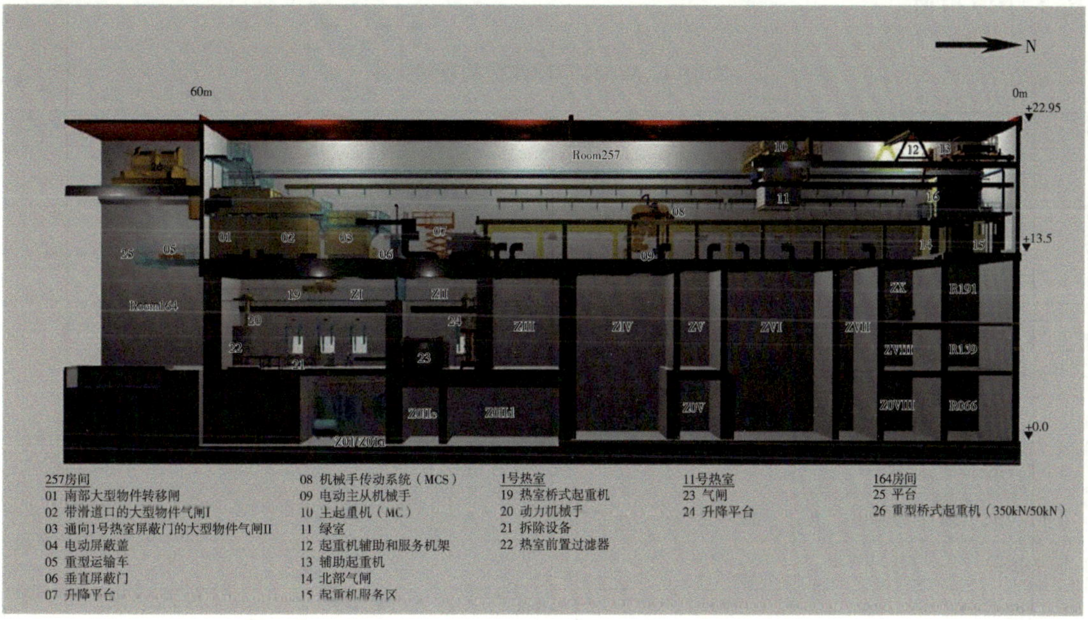

图 7-20　WAK 主工艺厂房虚拟 3D 视图

7.3.2　源项调查

WAK 工厂运行后，厂房系统的内表面已在不同程度上受到了不溶性物质的污染，主要有剪切热室的活化产物、裂变产物和锕系核素，高放化学分离工艺段的裂变产物（主要是^{137}Cs）和锕系核素，以及 Pu 分离段的 Pu 和^{241}Am。

7.3.3　退役去污

在 WAK 厂关闭之后，首先进行了半年的硝酸清洗作业。

采用多种技术对主工艺厂房进行去污。通过去污处理，使后处理厂特定区域的剂量率达到允许使用人工切割技术的剂量水平。

拆除部件之后，对厂房构筑物进行去污处理。

2016 年已对约 16 500 m^{2}的受污染墙体和天花板进行了去污。

7.3.4　退役拆除

7.3.4.1　手工拆除作业

根据辐射状况和空间条件，拆除作业采用手工、半远程和远程操作。工作人员手动拆除的限制值是 0.5 mSv/h 的剂量率（见表 7-4）。如果超过这一值，有必要考虑屏蔽或相隔适当距离，或使用远程技术。只有一小部分工厂区域可以通过直接处理方法进行拆除，其他高度污染的后处理热室必须通过远程处理技术予以拆除。

表 7-4　WAK 拆除作业的辐射要求

拆除方法	数值要求
远程拆除	
局部剂量率	>0.5 mSv/h
对象的表面剂量率	>100.0 mSv/h
常规人类安全风险	高
半远程拆除	
局部剂量率	约 0.5 mSv/h
对象的表面剂量率	<100.0 mSv/h
常规人类安全风险	低
手工拆除	
局部剂量率	<0.5 mSv/h
对象的表面剂量率	<2.0 mSv/h
常规人类安全风险	低

为满足放射性核素摄入限值的要求，有必要采取极为严格的防护措施（见表 7-5）。当表面污染稍微超过德国辐射防护法令的自由释放限值时，就必须使用空气面罩。在工艺热室内的拆除工作都要使用强制供气的塑料气衣。不仅要对气衣提供清洁空气，而且在气衣内部还使用了 P3 粒子过滤器。通过每年分析10%的工作人员的粪便，来检验放射性摄入防护措施的有效性。

单项任务的最长作业时间为 2 h，而在不使用气衣情况下的作业时间为0.5 h。

表 7-5　人员防护措施

表面污染		安全措施
α-活度/（Bq/cm^2）	β-活度/（Bq/cm^2）	
≤0.05	≤0.5	放射区防护服
>0.05≤0.5	>0.5≤5	外加：手套、套鞋、面具
>0.5≤5	>5≤50	外加：手套、套鞋、面具、纤维网防护服

续表

表面污染		安全措施
>5≤50	>50≤500	外加：非通风防护服、面具
>50	>500	外加：通风防护服、面具

1999 年以前，采用直接手工作业的方法，拆除燃料元件接收系统、燃料元件贮存及池水净化系统、铀和钚的最终净化及最终产品的贮存系统、中低放废液贮存系统、蒸汽和热水供应系统、取样走廊、阀门走廊，以及化学制剂供应和配制系统等。

各个系统的拆除作业已经标准化，包括：

1）调查辐射水平；

2）实施电气和运行的关闭程序；

3）减弱对其他单元影响的措施；

4）为人员和材料设置气闸；

5）采用包容措施，防止污染物的不当扩散；

6）采用污染物扩散最小的拆除程序；

7）将要压实的碎屑进行减容，放入运输容器中；

8）包装程序；

9）对包装和向卡尔斯鲁厄研究中心废物处理站的运输进行评价；

10）解体后，进行保管和去污；

11）净化后，调查辐射水平。

根据作业的实际条件，工作人员穿戴以下防护衣具：

1）棉制外罩；

2）绒制外套；

3）配有呼吸空气和冷却空气管线的气密性塑料气衣；

4）防护手套和防护靴。

仅在低污染区域使用带有 P3 粒子过滤器的空气面罩。主压缩空气供应站通过过滤器和流量表，由空气管线向塑料气衣提供呼吸空气。单项任务的最长作业时间为 2 h，在不使用气衣情况下的作业时间为 0.5 h。

切割管线的工具为液压切割剪和手工锯。在用液压切割剪对容器进行切割之前，容器的内表面喷涂一种石棉纤维粘结剂，防止剪切过程中污染物的扩散。

在工作现场将废物收集到废物桶中。手套箱和大型部件则在外部包上金属箔，并装入容器中运往卡尔斯鲁厄研究中心废物处理站。对于非放射性部件，则豁免无限制使用。

7.3.4.2 半远程拆除作业

化学分离工艺的混合澄清槽，位于化学工艺热室的一个输送管沟内。由于顶部空间有限，开发了一种半远程技术，从 8 m 深的管沟内拆除铸铁屏蔽层、混合澄清槽、管线、容器和泵。如图 7-21 所示，使用吊车吊钩上的液压剪进行管沟中的半远程拆除。剪切操作在一个屏蔽的工作平台上进行。

图 7-21　半远程拆除技术

在控制室内，通过数个闭路电视摄像机和内部通讯系统，对现场的工作实施监控。切割工具由手持长钳操纵器导向。通过一个支撑在管沟顶部的屏蔽滑架，控制这一操纵器。

在已经完成的第一循环混合澄清槽的拆除工作中，接触剂量率高达 90 mSv/h。使用磨锯和液压剪将混合澄清槽与管线、固定设备切割分离。用胶带将液压剪绑在单轨吊车的吊钩上，技术工人用长臂操纵器引导。将内径达 50 mm、壁厚4~5 mm的不锈钢管切割成段。剪下的管件落入地沟内。随后将积聚的管段用耙收集在一起，用控制钳手捡起，收集在 170 L 的桶中，然后将桶放入一个屏蔽箱中，使用单轨吊车将混合澄清槽从基座上提起，并放入一个屏蔽箱中，然后放在一个容器中将其运往卡尔斯鲁厄研究中心废物处理站。

由于在沾污表面喷涂的水相共聚物的扩散，在邻近的干预区域内没有产生气溶胶放射性。这是非同寻常的，因为从干预区向管沟开放区域的空气流动速度可忽略不计。

7.3.4.3 远程拆除作业

研发出两类遥控拆除技术：水平拆除方法用于有水平入口的设备室，使用履带式带动力工具的载运机；垂直拆除方法用于有垂直进出口的设备室，使用升降机辅助缆绳悬挂的电动双臂主从机械手。

为了确保该项目的成效，所有的技术设备以及拆除程序于 1997 年和 1999 年间进行了测试，测试在卡尔斯鲁厄研究中心的一个试验设施进行，建立了 1∶1 的模拟热室。在测试站，遥控系统的操作经过了三个月的训练。

为了提高操作的速度和机动性，在测试阶段对原来的垂直遥控拆除方案进行了修改。通过以槽代替桶，可以把大件的管道和设备运到闸内。结果淘汰了热室大厅的双盖闸和桶监视器。低放部件装入了大金属箱。中放部件则运到以前的首端热室，用剪切机或研磨机减小尺寸，装在桶内，并用首端热室已有的双层封盖系统密封。

在测试期间所得的经验对于使复杂的设备免于频繁故障很有帮助。尤其是对单臂 Brokk 履带式挖掘机的每日人工辅助保养，对于解决一些次要问题、维持遥控设备连续运转必不可少。经测试对整个工序进行了优化，将设备在热室中操作的可用性提高到 86%~95%。

（1）水平拆除的远距离设备

对于可水平进入的热室，通过对市售履带式挖掘机（Brokk150E）（见图 7-22）进行改造，使其成为电动工具的载体（其臂有 7 个自由度）。这一工具载体可以安装液压剪、电动或液压驱动的磨锯、高速研磨机，或者安装“EMSR3”机械手。

图 7-22 用于水平拆卸的远距离操作设备（Brokk 150 及其控制盘）

经过改进，Brokk150 可以携带摄像机平台，对作业进行支持。

水平遥控拆除方法还用于拆除高放废液贮存设备。溶解剩余的难溶残渣和磷酸盐沉淀严重地污染了带有冷却盘管的贮存容器，导致清空并冲洗过的贮存槽仍有很高的剂量率。在这种情况下，需要研制专用器材、设备和工艺。

（2）垂直拆除的远程设备

对于垂直入口的热室的拆除，设立并使用了单梁 50/5 kN 吊车，新吊车的轨道距热室大厅的地面高度为 3 m，将该吊车用作机械手的运输工具。50 kN 的吊车带有一个平台，在该平台上配有两个电动主从机械手（EMSM3），这些机械手均有 8 个自由度。在 EMSM3 的工具库中配备的工具有：液压剪、具金刚石锯盘的研磨机和磨锯。EMSM3 机械手引导工具，并防止碎片落入热室的地板上。为了便于拆除作业，在热室大厅的老轨道上计划安装一个新的 50 kN 的桥式吊车。在吊车的吊钩周围安装屏蔽间，以防止将沾污部件运往气闸过程中，对热室大厅造成污染。减小高剂量率部件尺寸，并在以前的元件剪切热室，将它们包装入 150 L 的废物桶中。在正常作业和非正常作业中，已有的 150 kN 吊车将用于对机械手运输系统进行支持。

在老的产品贮存室的屋顶上（位于控制区的外部）设置了新的中央控制室，在该控制室内对垂直拆除的全部系统进行操纵控制。

WAK 主工艺室厂房远距离操作设备有：大型转换锁、1 号大型平开门气闸、至 1 号室的 2 号大型平开门气闸、电动屏蔽盖、重型运输车、垂直屏蔽门、升降台、机械臂系统、电动主从机械臂、主吊、起重机辅助及维修架、辅助起重机、起重机维修区、桥式起重机、动力机械臂、拆解设备、热室预过滤器、干预气闸舱、升降台、平台、重型桥式起重机（350 kN/50 kN）等。

垂直远程拆除系统的突出特点是：

1）带有两个主从机械臂的起重机运载系统（见图 7-23）。

2）带有双向力反馈的两个电机主从机械手。

3）带有机械手操纵的刀具和设备，如液压剪、钢丝锯、圆盘磨床等。

4）带有屏蔽间的起重机，可不受污染的将材料运送到 WAK 主热室大厅。

5）带有辅助起重机和起重机辅助机械手，为机械臂系统和主从机械手进行远程控制恢复和维修工作。

6）带有传递和包装系统。

7）带有远程操作控制室。

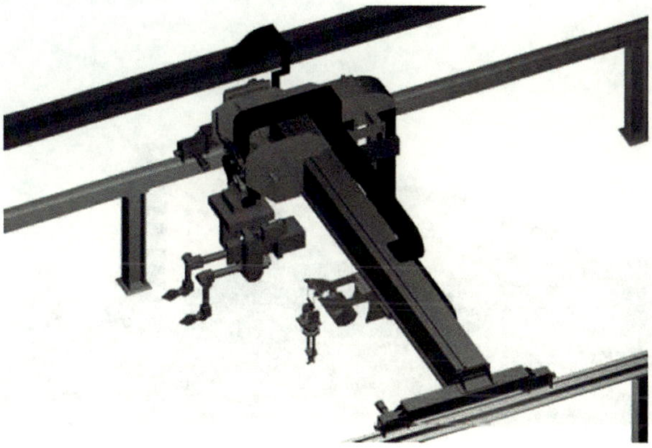

图 7-23　机械臂系统三维视图（MCS）

远程拆除工具于 1998—1999 年进行安装。WAK 厂的退役工作按计划进行。后处理厂的拆除主要是一个污染物的包封问题，而不是直接辐射的问题，在这一方面，遥控拆除设备表现得相当成功。利用上述远程处理设备，2000—2001 年间，活度为 2×10^{14} Bq、表面剂量高达 100 mSv 的约 102 t 高污染材料从工艺热室成功拆除。

拆除热室中的设备进行得很令人满意，主从和动力操作器的绝大多数失误都是由误操作导致的超载引起的。装有金刚石盘的高速研磨机是最有效的工具，但因为在工艺设备室发生过两次小规模着火和一次爆燃而限制使用。弓形锯和液压剪切机是主要的切割工具。弓形锯的震动曾造成 EMSM3 齿轮的磨损。动力工具的保养维修需要每天在热室大厅中进行人工操作。常见的中断原因是：

1）通风系统的不正常运行；

2）气锁闸的污染；

3）运送车损坏。

7.4　比利时欧化厂

7.4.1　厂房概况

欧化厂主工艺厂房是一个大的矩形建筑物（见图 7-24），约长 80 m，宽 27 m，高 30 m。在其中心，设有一个大的构件，其中有 40 个安装有化学处理设备的主要热室。进出区和公用走廊设置在七层。

图 7-24　欧化厂主工艺厂房

7.4.2　源项调查

在漂洗操作阶段终止之后，将重混凝土防护砖从大多数设备室门移走，然后测定靠近某些设备室铁门处的辐射水平。为了跟踪在化学去污期间辐射水平逐步降低的情况，这类测量每周都重复进行。去污操作阶段终止时的测量值以及各设备室局部去污及各次介入时辐射水平的进一步变化列于表 7-6 中。辐射水平的波动是由于去污期间放射性从一个设备室转移到另一个设备室的结果。此时进入所有的设备室较为容易。

表 7-6　设备室入口处辐射水平变化

设备室编号	层次	室内主要设备	设备室入口处辐射水平/（mR/h）				
			1975 年 4 月	1975 年 12 月	1976 年 12 月	1977 年 12 月	1978 年 8 月
02	1	2 个溶解器	1 200	60	23	20	5
04A	1	1 个溶解器	1 400	300	450	450	250
04B	1	无设备 *	3 000	1 200	800	400	700
06	1	料液调节罐	未测	150	75	60	28
08	1	3 个 HAW 接收罐	1 000	120	70	60	20
12	3	料液澄清离心机	90	20	7	10	8
13	2	HA/HS 萃取柱	400	30	18	15	10
13	4	HA/HS 萃取柱	500	50	40	60	28
14	2	1BX/1BS/1C/2D/2E 萃取柱	60	20	6	8	28
14	4	和相关设备	35	未测	3	3	<2.5

续表

设备室编号	层次	室内主要设备	设备室入口处辐射水平/（mR/h）				
			1975 年 4 月	1975 年 12 月	1976 年 12 月	1977 年 12 月	1978 年 8 月
15	3	HAW 浓缩器	12 000	900	100	55	50
16	3	回收酸浓缩器	650	80	45	50	28
17	1	回收酸贮槽和 2DW 接收罐	1 200	未测	120	160	12
17	4		1 700	30	10	38	3
18	2	主要是酸回收和钚循环的	100	35	7	8	3
18	4	多功能蒸发器	120	9	4	<2.5	<2.5
29	5	冷凝器，冷却器，馏出液贮存槽，	100	25	7	4	2.5
		HAW/2DW 蒸发器	15	<2.5	<2.5	<2.5	<2.5
20	2	铀线 1 循环和 2 循环 2 个中间蒸发器	25	<2.5	<2.5	<2.5	<2.5

* 溶解器安装在 03 室，其底部延伸至 4B 室。

在漂洗操作阶段结束之后，着手进行各设备室的快速监测，以便认定没有妨碍进一步去污工作的重大异常情况。

在管线上，特别是在焊接处和澄清料液用离心机的封盖垫圈处，仅仅检测到四处小的泄漏。较严重的泄漏发生在铀中间蒸发器的溢流管和循环管之间的焊接处；后来在设备室内的集水坑内回收了 13.2 kg 铀。

在装有用于酸复用目的的多功能蒸发器（发生过泄漏并已在工厂运行期修复）的设备室内发现碳钢设备支架的严重腐蚀和墙壁油漆的剥蚀。然而，发现不锈钢设备状态良好。

在去污漂洗全部结束之后，对工艺设备进行了进一步检查。严重腐蚀仅仅发生于下列两个设备：

由 304L 不锈钢制造的试验堆乏燃料溶解器管壁上显出点腐蚀，原因归结于化学去污时用沸腾的 H_2SO_4 短时间的漂洗，沿长度方向内部焊缝的侵蚀已遍及整个焊缝，而且下部出现穿孔。

由 304L 不锈钢制造的多功能蒸发器在工厂运行期间已经修复，在汽-液分离段的焊接处的沸腾管出现严重腐蚀；此外，贯穿至下部循环支线的吸气管线已完全腐蚀。

除上述两个设备以外，发现设备的外观良好。之后开始设备内部的彻底检查。检查包括目视检查，以及使用闭路电视和超声波检验。

7.4.3 退役去污

在后处理厂关闭以后，制定并实施了一项旨在降低辐射和污染水平的去污计划，以便工作人员能直接进入设备室为可能的重新运行而进行设备拆除或改装工艺设备。

在第一阶段，用各种典型的普雷克斯型溶液漂洗工厂设备，以收集或检测出过去未查出的易裂变材料。为了进一步降低辐射水平，进行了第二阶段的去污，以便允许工作人员直接进入设备室进行设备检查或为设备室及其中的设备的直接清洗做准备工作。为减少腐蚀，去污中使用了较低腐蚀性的化学试剂。总计去除 140 kCi 以上的放射性核素并聚集在约 70 m^3的液体浓缩废物中。所有地方的放射性剂量几乎都降到低于 25 μSv/h 的水平。残留的 α 污染低于 2 Bq/cm^2，残留的 β-γ 污染低于 20 Bq/cm^2。

7.4.3.1 漂洗

1975 年初开始漂洗，持续约 4 个月。漂洗主要为实现最大限度地回收很可能残留在工艺设备中的易裂变材料（特别是钚），从而减少不明损失量。

为了达到上述目标，选择普雷克斯型的试剂来漂洗设备，按照其重要性的次序，包括：

1）稀硝酸；

2）浓硝酸；

3）硝酸肼的稀硝酸溶液；

4）硝酸铀（IV）溶液；

5）煤油。

用四价铀促进钚的还原，而以煤油漂洗实现可能存在的重相残留物的溶解。

按照一批漂洗液可以处理最多的设备，使化学试剂消耗量较少且废物量较少的方式来确定漂洗液的走向和程序。

因为回收易裂变材料是计划的主要目的，所以漂洗从最大活性的工艺设备开始，且溶液顺向流动。例如，从首端到料液制备、料液澄清，回收装置等等。同时，铀、钚第二萃取循环，铀尾端和钚再转化设备均维持在正常运行条件下。

为了满足最终 $UO_2(NO_3)_2$ 和 PuO_2 产品的规格，当需要时再将最终产品溶液返回至铀线和钚线第二萃取循环。

为了提高操作的效率，所有可使用的设备，如搅拌器、去污蒸汽喷射器、空气和蒸汽的吹洗和取样系统等均投入运行；当可能和适合时漂洗溶液被加热或煮沸（溶解器、蒸发器等）。

所有的试剂和仪表管线均用蒸汽吹洗。只要有可能，所有的输送管路，包括溢流管都采用漂洗液流洗。在漂洗时阻塞的管线均被疏通。

由对每个容器或容器组的样品溶液的分析实现对漂洗效果的核查。根据分析的结果，必要时对漂洗液的浓度进行重新调节并加入新的四价铀或硝酸羟胺。

一般地说，不同设备与漂洗液的接触时间在 5 h 和 15 h 之间变动。总计用了约 127 m^3 漂洗液并且按规定漂洗路线通过尾端设备。通过高放废液蒸发器和酸回收系统实现硝酸的再循环。

当漂洗液中铀和钚浓度分别下降到小于 5 mg/L 和 1 mg/L 时，利用普雷克斯型溶液漂洗回收易裂变材料即告结束。

从钚线第二循环和离子交换设备中回收的钚量最多（约 800 g）。从首端、前两个铀萃取循环及溶剂回收设备回收较大量的钚（100 g 量级）。总计，漂洗作业中洗出 1 275 g 钚。

硝酸是最有效的漂洗试剂，除了用四价硝酸铀漂洗液漂洗一个硝酸罐式蒸发器时分别回收 10 g 和 78 g 钚这两种情况外，在四价硝酸铀漂洗液中没有发现较大量的钚。用来漂洗可能含有有机重相的所有设备和容器的煤油对洗除较大量钚而言，效果都不大。

7.4.3.2 工艺设备的化学去污

去污第二部分的主要目的是使辐射水平进一步大幅度下降，以便在下阶段能安全地进入设备室。

由于当时对工厂的未来没有最后决定，所以在化学去污时保持腐蚀尽可能小被认为是必要的。一方面这样做将保持设备完整，以便可能重新启动，另一方面将避免产生泄漏造成设备室严重的污染。设备一旦可能拆除，由于它能够在极大地降低辐射水平的情况下开始，拆除就会较易进行，而在切割拆除之前可以使用强劲的化学试剂。

（1）操作条件

采用类似于工厂运行期间维修前所使用的程序。溶液流向与漂洗相反，去污试剂按逆向流动，即从轻度污染的设备流向严重污染的设备，同时交替使用化学清洗剂清洗，酸洗后接着用碱洗，氧化洗涤后接着用还原洗涤。另外，用去污喷射器、空气和蒸汽吹洗系统促使去污液与设备表面间的良好接触。当有可能和适当时加热和煮沸去污液。此外，还使用了表面活性剂。

借取样和分析来追踪去污操作的效果。由于化学试剂的浓度被格外稀释，当需要时就重新调节。

化学去污操作分两个阶段进行。

在第一阶段，使用了下列去污剂：

1）稀的和异常浓的 HNO_3；

2）稀的和异常浓的 NaOH；

3）0. 1 mol/L $KMnO_4$/5 mol/L HNO_3；

4）0. 1 mol/L $(COOH)_2$/0. 5 mol/L HNO_3；

5）0. 1 mol/L $KMnO_4$/8 mol/L HNO_3；

6）10%（重量）CH_3COOH。

在第二阶段，按顺序使用下列试剂：

1）0. 1 mol/L $KMnO_4$/8 mol/L HNO_3；

2）0. 5 mol/L $N_2H_5NO_3$/0. 1 mol/L HNO_3；

3）10%（重量）$Na_2C_4H_4O_6$/1 mol/L NaOH；

4）10%（重量）$Na_3C_6H_5O_7$/1 mol/L NaOH；

5）1 mol/L HNO_3；

6）0. 5 mol/L $(COOH)_2$/1 mol/L HNO_3；

7）5%（体积）H_2O_2（仅在几周内使用）。

对于有着非常顽固污染的某些容器，也使用有限量的较强腐蚀性溶液，包括：

1）4 mol/L H_2SO_4；

2）10%（重量）H_3PO_4；

3）Radiacwash（一种去污剂）；

4）Jizer（一种去污剂，含有以环氧乙烷为基础的非离子表面活性剂）。

对欧化厂首端各设备进行化学去污，除去了超过 15 000 Ci 的 β 放射性活度以及约 250 g 钚。0. 1M $KMnO_4$-8M HNO_3溶液对钚和裂变产物是最为有效的去污剂。

在第二溶解器中煮沸再循环 14 天以后的 11M HNO_3溶液中测出约 35 g 钚和 1 300 Ci 的 β 放射性活度。此外，还检测出一个含钚量高达 32 mg/mL 的有机相。因为溶解器的取样系统和蒸汽喷嘴均为该物质所堵塞，整个装置用 300 L 壳牌 S01-T煤油漂洗，使该有机相很好地溶解。最终的溶液含 10. 4%（体积）TBP 和 4. 3 mg/L 钚，这表明该有机相极大可能是由返回酸带来的。

铀萃取循环和溶剂回收装置化学去污除去了 500 Ci 以上的 β 放射性活度，并除去了约 100 g 钚。$KMnO_4$/HNO_3溶液被证明是非常有效的去污剂。

注意到，最难去除的污染是由于与有机相的降解产物接触而造成的（重相，界面污物等）。这些产物也经常造成管线堵塞。在某些情况下，用 10% H_3PO_4、4 mol/L H_2SO_4、Radiacwash 或 Jizer 进行局部去污洗涤已获得很好的效果。

钚纯化装置的去污除去了 300 g 以上的钚和 17 Ci 的 β 放射性活度。$KMnO_4$/HNO_3溶液是非常有效的去污剂。

某些容器用高压喷射处理（≤70 MPa，水流量≤20 m^3/h）作为对常规浸泡-漂洗的补充。该技术被证明具有很好效果，在第一次用于去除有机物污染和无机物污染时，在喷嘴能很好地靠近的污染表面且该表面未受到严重腐蚀的情况下，均得到极好的结果。在第一批试验之后，每当具备上述条件时，高压水喷射被成功地应用于各种类型的表面去污。该技术不仅快速而且非常有效，而且还具有使用无盐溶液的优点，这样废液可以浓缩到很小的体积。

在放射性吸附下降到很小数值时或设备表面剂量率不能再进一步降低时，去污操作即停止。

在去污阶段结束以后，设备室内空间的辐射水平在 2～100 mrem 之间。然而，仍然留下某些热点，主要是首端设备中，多位于焊接处。这些热点或用特殊化学去污剂剥离或用高压水喷射掉，或在直接介入之前对其进行局部屏蔽。

7. 4. 3. 3 工艺管线的疏通的去污案例

在漂洗和去污操作期间疏通了几条管线，它们有些已经堵塞了好几年。

某些管线的堵塞，如混合澄清槽有机相溢流口的堵塞，可以用将浓 HNO_3加入位于其顶部的 Na_2CO_3溶液中的方法来消除。采用此种方法，由反应热和放出

的 CO_2 产生的搅动促使了堵塞的消除。HAW 接收罐的空气提升器和一条去污管线用 6 mol/L HNO_3/5M HF 溶液疏通，由于它们除去约 17 000 Ci 的 β 放射性活度和 250 g 钚，剂量率从 1 000 R/h 降低到约 30 R/h。为了克服此溶液的腐蚀作用，按 Al∶F=1∶1的摩尔比加入 $Al(NO_3)_3$。

在某些情况下，空气提升器底部的堵塞用 CO_2 冻结升液管及用高达 14 MPa 的加压水通过空气入口管来疏通。用此法将约 300 Ci 的 β 放射性活度和 90 g 钚从该设备中除去。在类似的情况下，即使用 15 MPa 的加压水，也未疏通管线，于是管线堵塞段用丙烷喷灯加热。喷灯通过设备室墙面的特殊钻孔引入设备室内。在各种情况下，用煤气喷灯加热给管线加压是十分有效的。

注意到，堵塞均与大量含钚的有机降解产物有关。在某些能够直接介入的情况下，自驱动的水力喷嘴对疏通管径大于 15 mm 的管路是有用的工具。使用该项技术，一个 HAW 贮槽的 36 mm 溢流管的堵塞通过 5 MPa 的压力进行了疏通，使用的设备可达到 80 MPa 的压力。

高压喷射装置已用于容器内部部件的去污，以后又用于设备室壁面、设备构件、管道和支撑架的外表面去污。

为对贮存容器去污，通过视孔或切断排气管引入喷嘴。使用压力高达 40 MPa。如果喷嘴可伸至污染表面时，该技术十分有效，实例有：

1）400 L 的料液调节槽，外表面接触剂量率由 40 R/h 降低到 40~100 mR/h 的水平，水消耗量为 25 m^3；

2）12 000 L 的再循环贮槽的辐射水平从 15 R/h 降低到 150 mR/h；

3）对用于脱壳溶液暂存的环形容器的去污，喷雾发射装置被当作喷嘴使用；7 R/h 和 20~30 R/h 的剂量率分别降到 150 mR/h 和 700 mR/h。

从液体废物管理的观点来看，因为废液流中不含有源于去污剂的盐分，该技术特别优越，而且该技术相当快速（去污仅需两三小时）。应注意，固定在缝隙和切口上的污染用这种技术是无效的。

7.4.4 退役拆除

拆除热室分为以下四个步骤：

1）从热室中移走设备。

2）对热室的墙壁、天花板、地板进行去污。

3）拆除每个热室的通风系统。

4）对解除限制的热室及用常规方法（非核方法）拆除的厂房进行监测。

拆除工作在放射性和非放射性区同时进行，工作人员的工作允许有一些变化，以便为试验新技术以及培训和再培训工作人员提供机会。

在热室入口的前面设置了四个带隔离室的应急闭锁装置，为工作人员提供了更衣区，其中包括收集污染的工作服，当工作人员离开工作区时由监测器监测他们可能受到的污染，把退役废物放入桶中并检查它们表面上的可转移污染。

使用的防护服和仪器要符合从事工作的要求。在高污染区，工作人员要穿全套且能罩住全身的塑料防护服，可允许使用普通的防护服，包括整个面罩、带过滤器面罩、呼吸用以及冷空气、应急补给空气用的空气管、安全帽等。眼睛和耳朵也要保护。在工作中使用等离子体弧切割器或研磨盘时要穿戴带保护头部的防火盔和全身耐火外衣。

在热室内由两名工作人员来进行工作，另有一至两名同事在热室入口处进行协助。工作人员之间的通讯依靠无线电话和对讲机来完成。热室内安装了一台电视摄像机以观察工作人员的活动。

可移动工作平台用于较高热室的拆除和去污，该平台的外部尺寸与其工作热室的地板相近，整个系统用钢丝悬挂，可通过四个或更多的滑轮组来提升。

7.4.4.1 金属部件切割

为了去除所有的装备和金属部件，主要使用了液压剪切机或等离子体切割系统。

Belgoprocess 使用的液压剪切机主要有两类：

1）具有 11 t 的力、可切割直径达 30 mm 不锈钢管、用一个“握柄保险机”进行预剪的液压剪切机；这些剪切机可由每个操作员单独操作；

2）具有 25 t 的力，可切割直径达 60 mm 不锈钢管的液压剪切机；这些剪切机由两个操作员进行操控：一个定位剪切机，另一个则远程操纵钳子和剪切机。与更小的剪切机相比，该系统的缺点是：重了三倍（分别为 22 kg 和 5.5 kg），并需要两个操作员，需要较好的彼此协作和沟通。

对于板材切割，首选等离子体切割系统。用 200 A 的设备可切割 50 mm 厚的铁、40 mm 厚的铝和不锈钢。等离子体切割器被固定在一个铁轨系统上，以便切割平板金属的表面。水平面移动采用远距离操作方法，等离子体弧的电压测量使其能自动保持切割器与工件之间的距离。根据经验，速度大概可达

2.5 m/min。应该注意使用正确的切割流程，以免板材出现形变以及堵塞移动中的等离子炬。可由两个包含两个操作员的小组操纵该系统，一个在房间内进行操作，一个在房间内控制切割火炬及其运动。

7.4.4.2 二氧化钚转化设施拆除

钚尾端设备安装在 8 个部分防护的手套箱内，总体积为 20 m^3；最大的手套箱为 5.6 m^3，最小的仅 0.7 m^3。工艺操作包括草酸钚沉淀、过滤、干燥和焙烧、取样、混合和称量，以及氧化钚溶解，去污和废液中和。

除了设备和箱体被拆除外，全部供排系统（空气、冷却水、试剂、通风等）也被拆除。拆除之前，对怀疑含有大量钚残留物的设备部件已相继用稀硝酸和浓硝酸、10%（重量）柠檬酸钠的 3 mol/L HNO_3溶液、0.2 mol/L 草酸、2 mol/L HNO_3和水漂洗。手套箱的排液管也用含 0.5 mol/L HF 的热浓硝酸处理。

箱体的内壁和设备的外表面先用水打湿，然后用含稀硝酸、丙酮和商业去污剂（如 Radiacwash 和 Jizer）的湿抹布擦洗干净，这些抹布在扔进废物桶内之前用碳酸钠中和。

漂洗和擦净以后，设备被切成最大长度为 30 cm 的小段。这些小段装入塑料袋内，利用塑料袋技术将其从箱体中移出并处置于 28 L 罐内。

在拆除手套箱的通风管之前，在空手套箱内表面涂 3 层、在外表面涂 2 层塑料油漆。采用塑料袋技术使这些手套箱彼此分开，使它们在任何时候都保持密封状态。

最后，在手套箱送到 SCK/CEN（比利时核研究中心）废物处理设施之前用塑料布包好放入木箱内，并在 α 废物处理设施内拆卸。碎块装入 220L 桶内并填满沥青以便最终处置。

在进行相关工作时，连续监测辐射和污染水平，工作区域用铺塑料布来保护并每天更换。这些工作所用的防护衣物是棉布外衣、套鞋、布手套和塑料手套以及面罩。在环境具有高度污染可能性的地区设置通风充分的塑料帐篷。

严重污染的钚尾端设备在三个月内彻底拆除掉。总共从设备中洗出 670 g 钚，钚污染设备装了 190 个 28 L 的罐子。

7.4.4.3 预埋管道混凝土拆除

在后处理厂的施工过程中，大量管道被嵌入厂房内。其目的是提供屏蔽，并避免在发生泄漏情况下污染从一个热室转移到另一个热室。但是，在退役期间，这种嵌入式管道成为一个复杂的问题。

最初，计划在厂房的受控拆除过程中拆除所有预埋管道。所有的房间将被去污，将管道包裹起来。通过这种方式，屏蔽辐射，减少本底辐射，使安全部门能够检测厂房。在拆除带有预埋管道的砌块期间，应将其转移至去污车间，在此处将混凝土和金属分离。

2005 年进行了一项比较研究，分析了拆除预埋管道的成本、可行性和风险。根据研究结果，决定在拆除厂房之前拆除所有预埋管道。这样成本较低，因为在去污车间对混凝土和管道进行分离的操作与现场进行分离的操作相当，因此避免了移除、操纵和转移砌块的成本。提取混凝土块段的可行性证明，管道在结构中的位置及其复杂的几何形状使得无法找到提取方法。风险主要在于预埋管道的操作处理。曾有过混凝土质量较低的情况，导致管道稳定性降低，操作困难。

由于拆除方案变化，必须采用其他工具。使用凿岩机、混凝土分离器和锤钻清除管道周围的混凝土，以便逐个取出管道。

7.4.4.4 厂房混凝土去污拆除

用金刚石—钢丝绳切割机开辟新的热室出入口或扩大其出入口。所产生的大块混凝土块可用粗琢机进行去污。其切割速度最高可达1 m^2/h。钢丝绳消耗速度为 1 m/（m^2切割表面）。

拆除混凝土墙或地板的传统方式是使用液压锤。在退役项目期间研究了自动混凝土去污的可能性，研究结果表明，自动化是可能的，但此类工具的总成本过于昂贵。可用径向三重接合臂将这样一个液压锤挂在一个电动液压控制手推车上。该管状臂可在 270°范围内半径达 4 m，也可用于垂直伸展达 4.6 m 的任务。该技术的缺点是会产生大量的粉尘和废物，并且难以区分那些已被污染和尚未被污染的部件。如果使用一个钻石线锯，可以解决这个问题，此时可移除厚达 1 m 的大块墙面。在即将被切割的墙壁上钻两个孔，该系统基于一根循环通过这两个孔的环形钻石负载线缆。液压动力单元可以 1~2 m^2/h 的速度进行宽度为 1 cm 的干净直切。如此大的块使表面去污变得比较容易，这样后面就有可能将其视为非放射性废物进行处置。该方法的缺点是必须使用水来冷却线缆，会产生泥浆，从而污染原先未被污染的表面。

深入混凝土表面下几毫米的污染可通过机械粗琢去除。欧化厂退役使用了不同模型尝试所有气动类型。对于地板的粗琢，使用了5到7头的机器，而对于墙和天花板，则使用了1到3头的机器，手持机器更适合。工作速度从手持机器的0.5 m^2/h 到自动粗琢机的10 m^2/h。粗琢机的问题在于它引起大量的手臂振动，使得操作员不能长时间不停地使用它。为了减少这种影响，使用了专门设计的手套，使手臂振动减少了30%。

当使用表面剔除工具时，效率得到了极大改善。开发了一种地面剔除刀具，几个金刚石涂层的旋转盘组合在一起并平行安装在一起。使用这种机器，可以更好地控制混凝土的清除量，并使表面光滑。其结果是效率提高了三倍，二次废物减少了30%。该机器被推到地板上，从而将手臂振动降低到几乎为零。

净化墙壁的一项改进是开发了带有金刚石涂层的杯状圆盘。这个圆盘可安装在标准磨床上，操作人员的手臂振动显著降低。此外，处理过后的平滑表面使检测更容易。

剔除工具与提取和过滤系统相联，以捕集切削面上的尘土和碎屑。提取和过滤系统包括真空泵和脉冲空气过滤器。真空泵抽吸量达1 000 m^3/h。产生的混凝土粉尘被抽出并收集在一个200 L的滚筒中。这样可以减少粉尘的产生，也有利于操作人员应对污染风险。此外，这样使在一个房间内交叉污染的可能性更小。还有一个优点是，提取系统在混凝土表面上施加吸力，减少了操作者在操作工具时必须施加的力。

7.4.4.5 通风系统

为防止粉尘堵塞房间的通风过滤器，使用自清洁过滤系统，以收集等离子体切割产生的粉尘以及来自粗琢机的混凝土粉尘。自清洁过滤器的作用是去除气流中大于1 μm的颗粒，可使HEPA过滤器（H13）下游的使用寿命更长。由于自清洁过滤器能够捕获颗粒并将其收集在200 L的桶中，因此这是一种更具成本效益的工作方式。

在退役期间，将自清洁过滤系统安装在退役区域内的装置中，原因是为了防止通风管道受到污染，但问题是自清洁过滤系统本身成为装置的一部分。这意味着，无论何时拆除装置（布线、管道和金属结构），都必须移动或拆卸过滤系统本身。

在欧化厂退役中，购买了几个自清洁过滤系统。安装并随后拆除了这些设备。如果在项目开始时和在退役区域外安装了更精细的自清洁过滤系统，则总成本会更低。使用集中式自清洁过滤系统有几个优点：

1）可以在每个热室中使用等离子切割；

2）过滤系统本身不进入放射性废物回路；

3）可重复使用自清洁过滤系统；

4）在混凝土去污过程中，HEPA 过滤器中的材料堆积显著减少，导致更换次数减少。

污染通风管道的风险比原先估计的要小。在类似的通风管道退役中，通风管道内部的污染很容易被控制。

参考文献

[1] G. Gorsuch, J. W. Ebert, D. H. Kuraschet al Preparing the West Valley Fuel Reprocessing Facility for Demolition West Valley Demonstration Project (WVDP), West Valley, NY, USA[C].WM Symposia, 2010.

[2] Joseph W. Ebert, Cynthia Dayton Deactivation and Decontamination of Extraction Cell - 1 at the West Valley Demonstration Project, New York, USA[C].WM Symposia, 2011.

[3] Marty Pierre, Weiss Jean-Francois, Ferre Benoit, et al. Marcoule UP1 MAR200 Use of Remotely Handled Equipment Associated with Laser Cutting for Spent Fuel Dissolver Dismantling[C]. WM Symposia, Inc., WM2023 Conference. 2023.

[4] Chambon F, CIZEL J P, Blanchard S. Cleanup and Dismantling of Highly Contaminated Ventilation Systems Using Robotic Tools[C]. WM Symposia, Inc., WM2013 Conference. 2013.

[5] C. Volle, L. Destrait, P. Seurat. Decommissioning of Up-1 Facility: A Challenging Project (OCTOBER 2004)[C]. WM Symposia, Inc., WM'05 Conference. 2005.

[6] Marty Pierre, Weiss Jean-Francois, Espinoux Denis. CEA High Activity Decommissioning Department: general decommissioning and operations integration strategies [C]. WM Symposia, Inc., WM2023 Conference. 2023.

[7] Masson H, Batailles-Lannes J C, Mistral J P, et al. Marcoule UP1 reprocessing plant first steps towards decommissioning[C]. WM Symposia, Inc., WM'00

Conference. 2000.

[8] Chabeuf J M, Varet T. Sharing Experiences within AREVA D&D Project Portfolio: Four Illustrations[C]. WM Symposia, Inc., WM2013 Conference. 2013.

[9] Ladet X, Sozet O, Cabanillas P, et al. Decontamination Process of Internal Part of Pipes[C]. WM Symposia, Inc., WM2013 Conference. 2013.

[10] Eric Cantrel, Anne Courtadon, Samuel Blanchard. Management of HL Deposits for the D&D Of UP1 Reprocessing Plant - Retrieval and Treatment Scenarios [C]. WM Symposia, Inc., WM2015 Conference. 2015.

[11] Vaudey C E, Renouf M, Gaspard N, et al. Dismantling of the 904 Cell at the HAO/Sud Facility[C]. WM Symposia, Inc., WM2013 Conference. 2013.

[12] F. Pradoura. Setting Up A Decontamination And Dismantling (D&D) Scenario-Methodology And Tools Developed Leopard[C]. WM Symposia, Inc., WM2009 Conference. 2009.

[13] Charles A. Negin, Charles S. Urland, Andrew P. Szilagyi. In Situ Decommissioning Lessons Learned[C]. WM Symposia, Inc., WM2014 Conference. 2014.

[14] Bernhard Kienzler, Horst Geckeis. Radioactive wastes and disposal options[C]. EPJ Web of Conferences 189. 2018.

[15] Dutzi G, Finsterwalder L, Jungmann C R, et al. Lessons learned with the dismantling of the Karlsruhe reprocessing plant (WAK)[C]. WM Symposia, Inc., WM'01 Conference. 2001.

[16] Hafen H, Wagner J M, Reich C. Experience in remote-operated decommissioning with electromechanical equipment[C]. WM Symposia, Inc., WM2015 Conference. 2015.

[17] Iris Hillebrand, Reinhard Pfeiffer. Conditioning of Operational and Decommissioning Wastes at the Karlsruhe Research Center[C]. WM Symposia, Inc., WM'99 Conference. 1999.

[18] Hanschke C, Finsterwalder L, Jungmann C R, et al. Experience with Dismantling of the German Reprocessing Plant WAK[C]. WM Symposia, Inc.,

WM'99 Conference. 1999.

[19] A.Graf, U. Stutz. Reducing of the Does Rate of HAWC Contaminated Concrete Blocks[C]. WM Symposia, Inc., WM'05 Conference. 2005.

[20] Werner Dander, Werner Lutz, Hubert Praxl. Progress Achieved in the Decommissioning of the Process Building of the Karlsruhe Reprocessing Plant [C]. WM Symposia, Inc., WM2010 Conference. 2010.

[21] Chambon F, Clement G. Adapting Dismantling and Decommissioning Strategies to a Variety of Nuclear Fuel Cycle Facilities[C]. WM Symposia, Inc., WM2012 Conference. 2012.

[22] Landais P, Petit L. Optimization of Post Dismantling Radwaste Management: a French Innovative Initiative[C]. WM Symposia, Inc., WM2018 Conference. 2018.

[23] Desnoyers Y, Dubot D. Why Use Geostatistics For Nuclear Decommissioning Projects? [C]. WM Symposia, Inc., WM2015 Conference. 2015.

[24] McGuire J J, MacFarlan G M, Jacques I D, et al. Hanford Canyon Disposition Initiative (CDI): A Better Solution to an Expensive Waste Disposal Problem [C]. WM Symposia, Inc., WM'03 Conference. 2003.

[25] K.R Schneider, H.Houston, A.Al-Daouk Decontamination of Extraction Cell-2 at the West Valley Demonstration Project[C].WM Symposia, 2005.

[26] James Blankenhor Bryan Bower. West Valley Demonstration Project Past,Present and Future[C].WM Symposia, 2011.

[27] L.E. Rowell,L.M Michalezak,A.J.Misercola Development of the Characterization Approach for a Spent Fuel Reprocessing Facility to Support Decommissioning Planning[C].WM Symposia, 2004.

[28] West Valley Demonstration Project Main Plant Process Building (Mppb) Decommissioning & Demolition (D&D) Plan[R].West Valley, 2005.

第 8 章　高放废液贮存设施退役策略及其选择

8.1　美国

8.1.1　西谷后处理场址

西谷后处理厂（西谷示范工程）是美国唯一的一座曾经正式运行过的商业乏燃料后处理厂，由核燃料服务公司经营。西谷后处理厂于 1966 年投运，1972 年关闭，处理能力 300 t/a，生产运行期间共处理 640 t 动力堆乏燃料元件，运行产生 2 200 m^3经中和的普雷克斯废物，以及在处理含钍燃料时产生的 30 m^3酸性钍雷克斯废物贮存在高放废物贮存罐区内的 4 个地下贮罐（8D-1、8D-2、8D-3、8D-4，见图 8-1~图 8-2）中。1966—1972 年产生的普雷克斯废物（液体和泥浆）暂存于大型碳钢贮罐 8D-2，钍雷克斯废物（液体）暂存于 8D-4 小型不锈钢贮罐中。核燃料后处理期间，贮罐 8D-1 和 8D-3 作为备用罐，未使用，1988—1990 年预处理后产生的普雷克斯上清液贮存在大型碳钢贮罐 8D-1。

美国西谷示范工程退役环境评价曾考虑 4 个策略：①完全拆除；②场址就地关闭；③分阶段退役；④不采取行动。经过对短期影响、长期影响和成本效益分析后，基于西谷示范项目和纽约西部核服务中心退役和/或长期管理的《环境影响报告》，最终选取分阶段退役策略。西谷示范工程退役分为两个阶段，在第二阶段完成废物贮罐区、核管会许可处置区、北部平地羽流及其余污染土的退役、治理。

目前正在对废物贮罐区，核管会许可处置区和北部平地羽流非放射性区进行安全监护，对高放贮罐废物处理方案进行研究和评估，确定废物贮存罐区退役决策。

8.1.2　汉福特场址

美国汉福特场址高放废液贮罐共 177 个，其中单壁贮罐 149 个，双壁贮罐 28 个，分布在 18 个罐区（见图 8-3）。单壁贮罐建造于 40~60 年前，全部超过

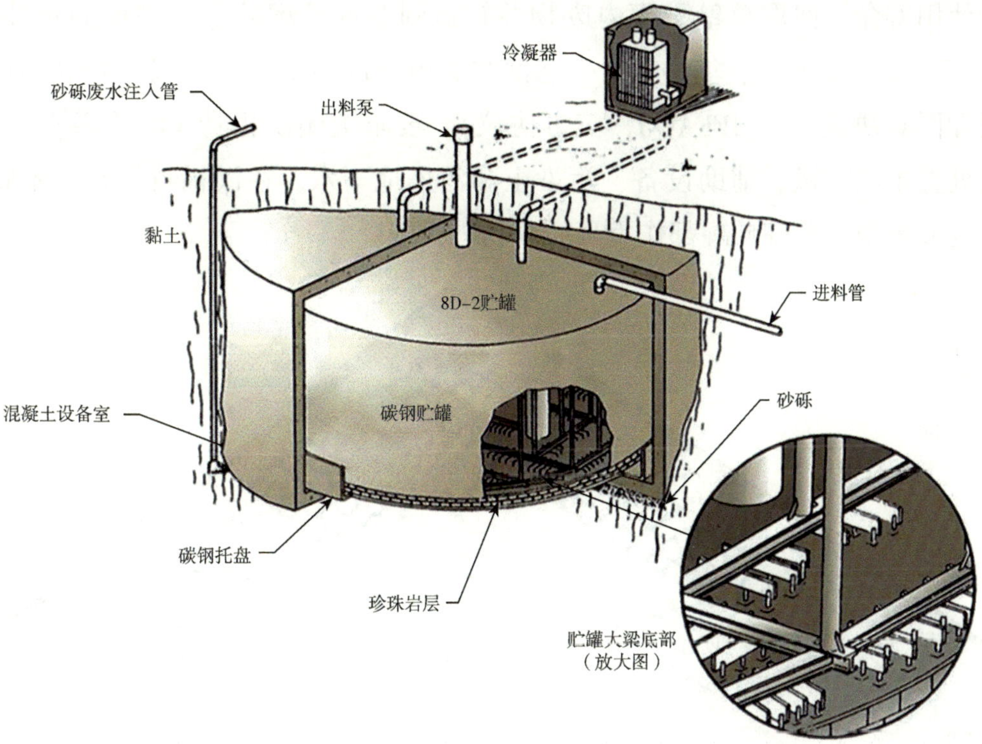

图 8-1 8D-2 贮罐

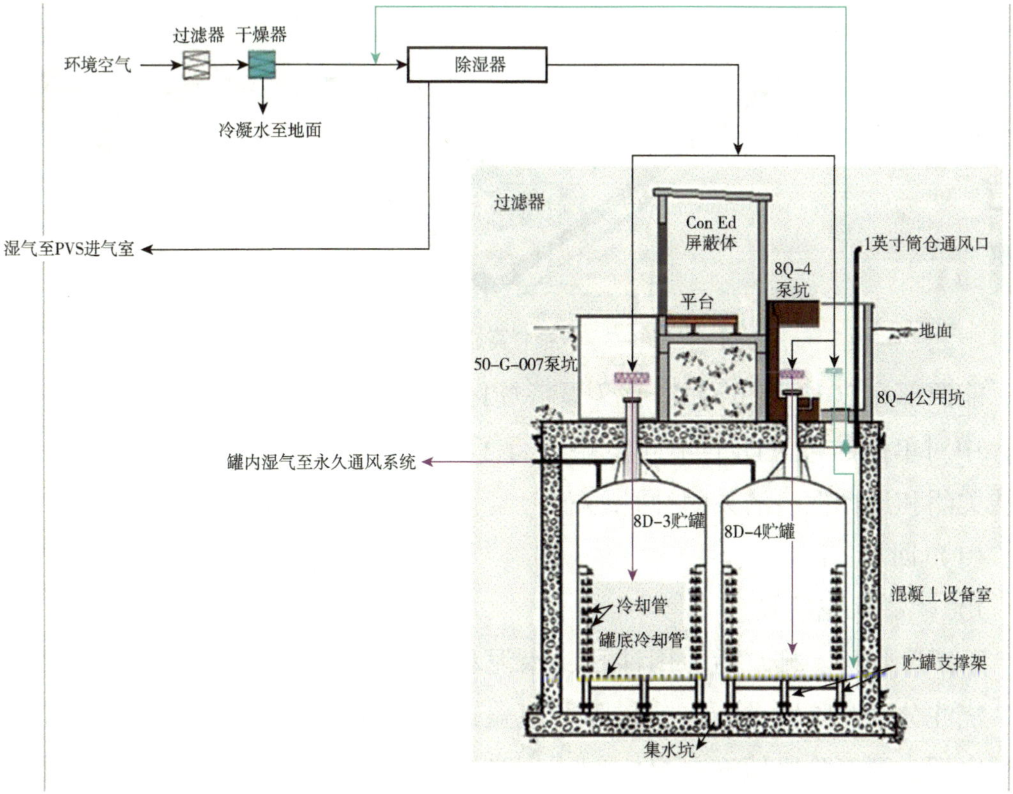

图 8-2 加装的干燥系统的 8D-3、8D-4 贮罐示意图

设计使用寿命，回取单壁贮罐内废物并转运到双壁贮罐贮存待玻璃固化处置。1989 年，美国能源部、华盛顿州生态部和美国环保局签订了《汉福特联邦设施协议和同意决定》（HFFACO，三方协议），要求关闭汉福特 149 个单壁贮罐，包括处置单壁贮罐、辅助设备、污染土和污染地下水。在汉福特场址，不管废物浓度或来源，单壁贮罐都作为高放废物进行管理。

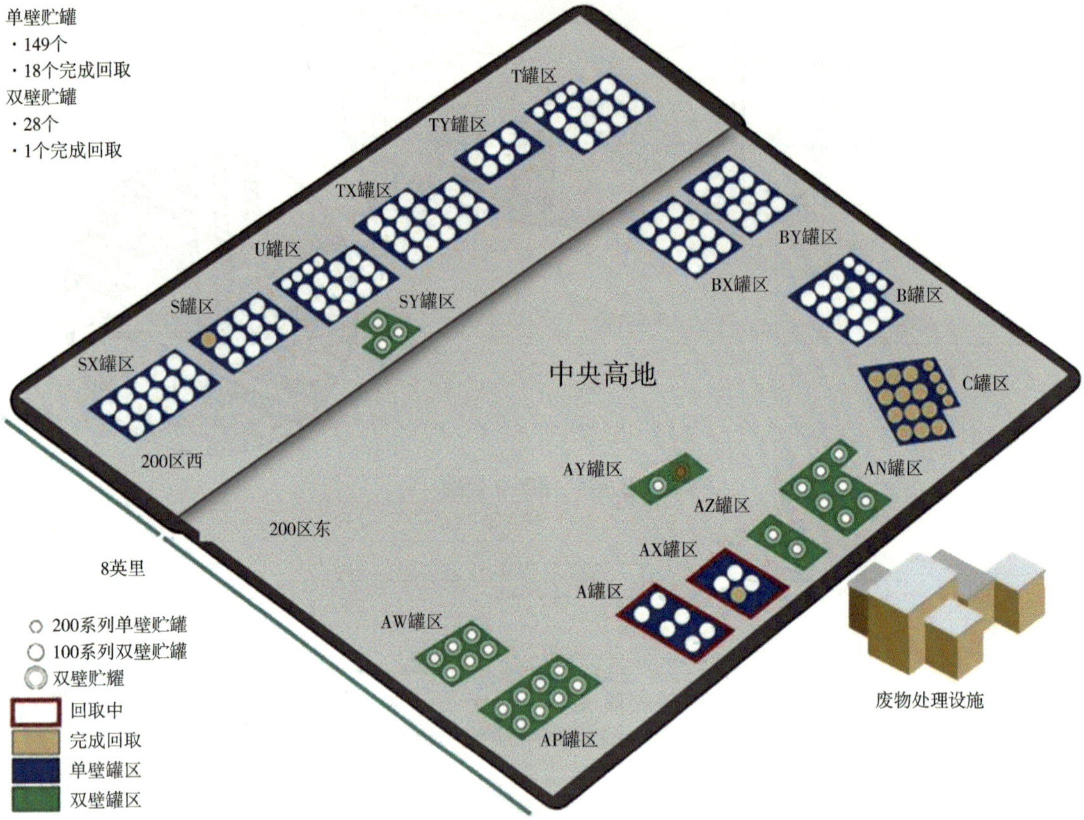

图 8-3　汉福特高放罐区分布图

能源部在 2012 年的《关于汉福特场区废物管理和罐区关闭的环境影响评价》中对单壁贮罐关闭的不同策略进行了评估，评估的三种策略是回填关闭、清洁关闭和选择性清洁关闭/回填关闭。

（1）回填关闭

1）贮罐水泥灌浆

贮罐废物移除排空后，用沙子、水泥和粉煤灰组合的自由流动材料进行浇注。浇注分两个阶段进行：第一阶段覆盖罐底所有残留物，可达到和覆盖贮罐整个底面；第二阶段填充剩余空间，用高抗压强度水泥，防止入侵，减缓罐区表面屏障因沉降而长期退化。设定用两套移动设备（200 号东区和 200 号西区各一套）对排空的贮罐进行灌浆。

2）辅助设备（如水输送系统管道、罐内设备）和废物接收设施（WRF）水泥灌浆

贮罐区辅助设备包括各种地下贮罐、废物输送系统（分流箱、阀门井和输送管线）、贮罐坑、贮罐立管、罐内设备以及处理、输送和贮存贮罐废物的其他设施。地面以上的辅助设备将拆除。地面以下的辅助设备将由200号东区和200号西区的两个移动灌浆设备进行灌浆填充。

3）移除一些辅助设备及近地表污染土

移除200号E区的BX罐区和200号西区的SX罐区相关设备，并用现场的清洁土回填，移除近地表污染土。这项活动将需要建造和运行两个隔离构筑物，每个罐区一个，移除的物质将在位于200号东区和200号西区之间拟议的河流保护项目处置设施（RPPDF）进行处置。

4）放置表面屏障

将在地面上设置多层工程表面屏障。在所有涉及回填关闭的方案中，将在罐区和6组连续的坑道和沟渠（壕沟）上设置地面多层工程屏障，用于长期密封和水文保护。

5）关闭后监护

关闭后持续监测100年。

（2）清洁关闭

1）移除辅助设备、废物接收设施和单壁贮罐

根据清洁关闭方法，清除贮罐区范围内的辅助设备、废物接收设施、单壁贮罐、污染土将被清除至贮罐地基下3 m的深度（地面以下约20 m）。

贮罐区的拆除活动包括清除覆盖土、拆除贮罐圆顶、清除达到贮罐地基的土壤、拆除贮罐侧面，最后拆除贮罐的剩余地基。辅助设备拆除工作包括拆除设备、缩减尺寸和打包。这项工作必要时将远程进行。

2）深层土移除

深层土移除将包括局部挖掘，以清除过去贮罐泄漏造成的污染土。移除过去泄漏深处的污染土，保护人类健康和环境，并允许不受限制地使用罐区。

3）退役废物预处理/打包

轻度污染的辅助设备、碎石和清除的土壤将在拟议的河流保护项目处置设

施（RPPDF）中进行现场处置。产生的高度污染的退役废物考虑 2 种管理方案。

①高度污染废物管理方案一

从辅助设备、贮罐和深层土移除中回取的部分材料（如贮罐碎片、设备、土壤和碎石）预计会受到贮罐废物的高度污染。因为这些材料可能会超过现场处置的废物验收标准，它们将在一个独立的、占地 4 公顷的预处理设施中使用强酸清洗法进行处理。清洗后的贮罐碎片、设备和土壤将被打包、并在拟议的河流保护项目处置设施进行现场处置。酸洗产生的废液中和后输送至双壁贮罐，在玻璃固化厂（WTP）进行处理。挖掘深层土产生的污染土将在预处理设施中使用弱酸清洗处理，去污的土壤在 RPPDF 处置，去污废液输送至双壁贮罐，在玻璃固化厂（WTP）进行处理。

②高度污染废物管理方案二

将严重污染的材料（如贮罐碎片、设备、土壤和碎石）作为高放废物进行管理。这些废物将包装在约 147 000 个屏蔽贮存箱。为了容纳这些屏蔽贮存箱，将在预处理设施旁边建造 35 个有盖混凝土贮存间。屏蔽贮存箱装的高放废物将贮存在现场，直到最终处置。从深层土壤挖掘中移除的高污染土壤将在预处理设施中使用弱酸清洗法进行处理。土壤去污后将处置在河流保护项目处置设施。酸洗过程产生的废液将在预处理设施中使用玻璃熔炉进行固化。

（3）选择性清洁关闭/回填关闭

运行完成后，利用回填关闭单壁贮罐系统及相关槽和管沟，BX 和 SX 罐区除外。利用水泥灌浆回填贮罐和辅助设备，固化残余废物，防止贮罐长期降解、阻碍人员进（误）入。清洁关闭 BX 和 SX 罐区，移除贮罐、辅助设备及贮罐地基下 3 m 深的土壤，使用清洁土回填，监测场区 100 年。

贮罐关闭是明确贮罐关闭方法并实施关闭。根据能源部在 2012 年的《关于汉福特场区废物管理和罐区关闭的环境影响评价》，2021 年，能源部提出了两种潜在的关闭方法：回填关闭和清洁关闭。

由于单壁贮罐废物回取后，罐内仍残留废物，目前能源部尚未就贮罐的关闭方法与政府和监管机构达成一致，所有罐区的关闭也尚无长期的总体计划。能源部希望未来的贮罐关闭计划以单个罐区为基础，根据每个罐区的特点制定。对于目前已经完成全部 16 个单壁贮罐回取工作的 C 罐区，能源部倾向采用就地灌浆的方式关闭。这也是 2012 年贮罐关闭环境影响评价报告中关闭单壁贮罐倾向采用的方法。

8.1.3 萨凡纳河场址

萨凡纳河场址位于美国南卡罗来纳州，占地约300平方英里，于20世纪50年代初期由能源部前身——能源委员会建立，主要负责生产军用核材料，20世纪90年代以后侧重废物管理、环境整治、去污和设施退役。由于生产核材料，萨凡纳河场址乏燃料后处理产生了大量高放废物。高放废液贮存在F罐区和H罐区内51个地下贮罐中。贮罐关闭采用的方法为就地灌浆。灌浆前要对清空的贮罐进行清洗，达标后浇注水泥浆。完成灌浆固定后，部分贮罐需要在顶部放置回填土，确保贮罐区域与周围地面高度一致，防止可能加速贮罐结构退化的积水情况。

在采用就地灌浆方法关闭贮罐前，萨凡纳河场址分析了不同贮罐关闭方案的优缺点，具体内容见表8-1。对比后，萨凡纳河场址最终选择采用方案1，也就是去污后就地灌浆关闭贮罐。

表8-1 萨凡纳河场址贮罐关闭方案对比

序号	方案	主要优点	主要缺点
1	尽可能去污后，灌浆固定残留污染，回填贮罐空隙	确定残留物可接受水平的建模和试验费用低；无运行和维护成本；残留污染物和贮罐得到固定	工作人员照射高；卡车运输和浆体溢出等风险
2	完全拆除贮罐和周围结构，设备去污，在填埋场或处置库处置拆除后的贮罐	罐区可能成为无限制使用区；污染部件在专门的处置设施内处置，与在原址处置相比，对污染迁移的隔离更好	费用极高；工作人员照射极高；贮罐必须运输；处置会导致另一区域变为有限用途
3	尽可能去污，不回填，弃之原地	减少员工照射；基本不开展操作；短期成本减少；对周边贮罐或罐区操作无影响	贮罐失控；罐顶和钢筋最终老化失效；罐顶坍塌；贮罐损坏可能带来污染迁移；总体危害、风险和成本上升
4	清除废物后用沙填充	沙子易得且廉价；沙子可隔离污染，防止风吹散污染	填充困难，沙子不易流到所有空隙；长期来看，沙子沉降会在罐内造成新的空隙；罐顶可能因无支撑而坍塌；沙子无法抑制污染物迁移；地下水的污染水平可能比就地灌浆更高
5	清除废物后用盐石填充	减少场址盐石处置空间	费用比就地灌浆更高；需要新建盐石制备设施或转运线

SRS 罐区关闭步骤如下：

（1）大体积废物移除；

（2）机械移除残余液；

（3）化学清洁—利用草酸；

（4）取样/特性调查和能源部/监管部门评审；

（5）贮罐水泥灌浆。

20 和 17 号贮罐已于 1997 年完成关闭。2012 年关闭贮罐 18 和 19 号贮罐，目前场址已完成 8 个贮罐的回取和关闭工作，剩余 43 个贮罐正在废物回取、清洗和关闭的不同阶段。萨凡纳河场址内所有贮罐关闭完成约需 30 年。

8.2 法国

UP1 是法国 1958 年建于 CEA 马库尔场址上第一个基于普雷克斯流程的工业级（500 tU/a）后处理厂，1958 年投运，1997 年关闭，已处理 1.86 万 t 气冷堆乏燃料。然而，为处理附近玻璃固化车间和核裂变产物贮存设施（SPF-AVM）的特定清洗程序产生的废物，100HA 71 号车间核裂变产物浓缩车间仍然运行直到 2009 年。71 号车间的目的是对铀/钚萃取过程产生的裂变产物进行蒸发浓缩。71 号车间于 1958 年投入运行，最初由 3 条生产线组成（A、B、C），每条生产线包括 1 个 10 m^3配备冷却管的接收和进料贮罐（代号 71.21）（见图 8-4），分别为高放贮罐 71.21A、B、C，71.21D 为 71 号车间的转送和贮存罐。图 8-5 为核裂变产物浓缩车间的简化流程图。

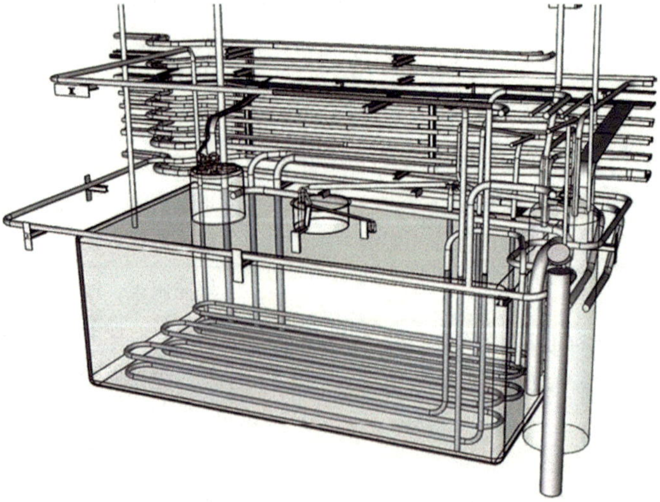

图 8-4　接收和进料贮罐 71.21A/B/C

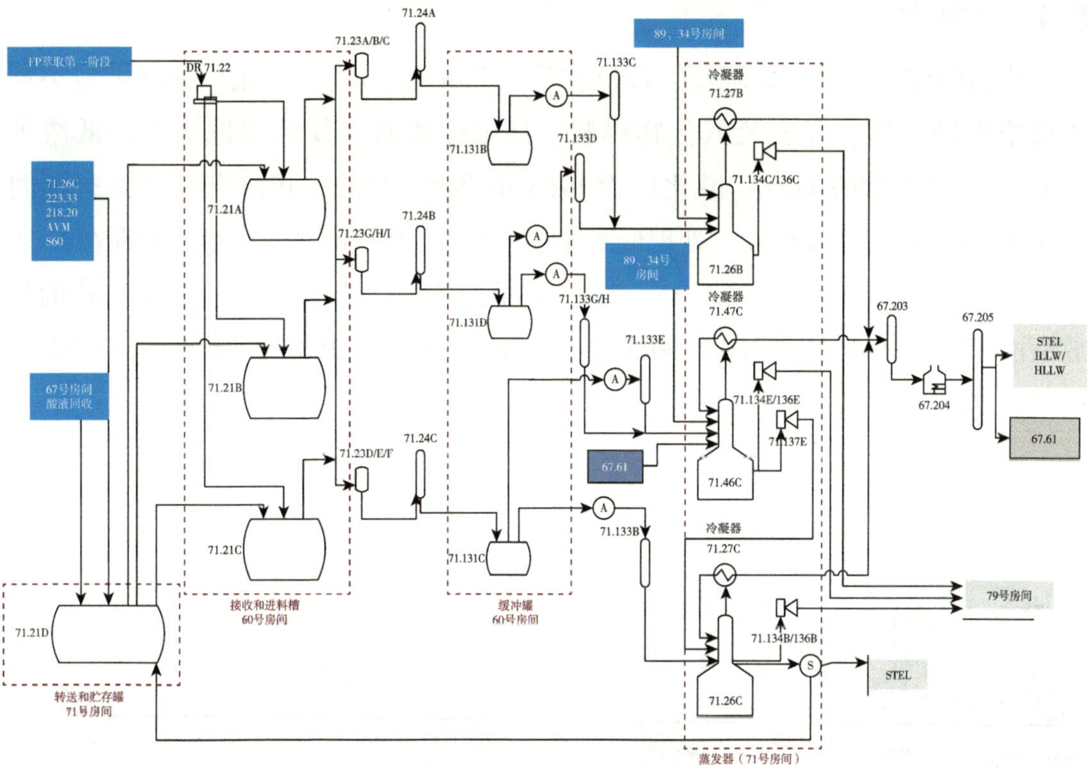

图 8-5　核裂变产物浓缩车间示意图

UP1 退役采取立即拆除策略，退役分为 3 个阶段，分别为最终关闭阶段，设备拆除阶段和废物处理阶段。根据 UP1 退役策略，高活度厂房 71 号车间的核裂变产物浓缩车间内的高放贮罐退役选择去污拆除方法，拆除作业计划于 2032 年开始，完工日期为 2046 年。

8.3　德国

德国 WAK 位于西南部城市卡尔斯鲁厄，1967—1970 年建造，1971 年开始运行，1991 年正式关闭。

WAK 的设施主要包括后处理厂、高放废液贮存设施（HWL）、高放废液贮存和蒸发设施（LAVA）和玻璃固化厂（VEK）和 HWL 南扩建厂房（HWL-Annex South），如图 8-6 所示。WAK 的高放废液贮罐共有 4 个，2 个位于 HWL，另外 2 个位于 LAVA。

WAK 退役采取策略是立即拆除，1992 年年中开始退役详细规划，目标是达到“绿地状态”。WAK 高放废液贮存设施退役是后处理厂退役的一部分，其策略和步骤放在整个后处理厂退役考虑。

8.4 比利时

比利时建有一座后处理厂，即欧化厂（Eurochemic）。欧化厂处理燃料类型为低浓缩铀金属、合金及氧化物燃料、高浓铀燃料。其处理能力为：低浓铀 350 kg/d，高浓铀 7 kg/d。欧化厂于 1966 年投运，1966—1975 年生产运行期间产生了 900 m^3 的高放废液。处理低浓缩铀产生了 50 m^3 的高放废液，贮存在 105X 厂房两个水平放置的贮罐 253-1a、253-1b 里；处理高浓缩铀生产了 800 m^3 的高放废液，贮存在 122X 厂房的两个立式贮罐 258-1、258-2 里（高放贮罐见图 8-7）。

图 8-6　卡尔斯鲁厄后处理中试厂示意图

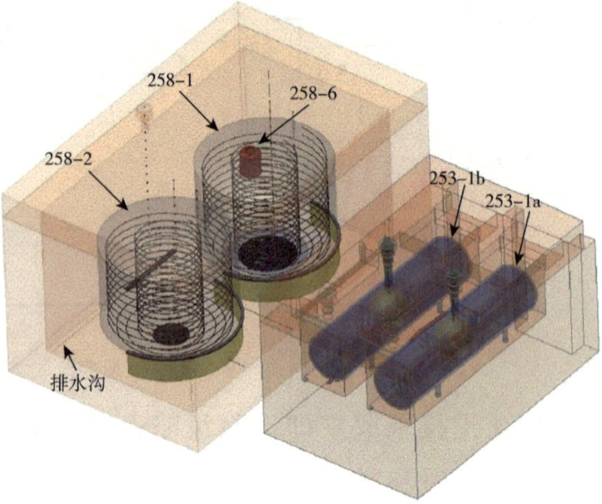

图 8-7　105X 和 122X 厂房里的高放贮罐

欧化厂采用立即拆除策略，退役项目的最终目标是不受限制地重新使用场地或设施，退役终态为恢复到绿地状态。

105X 和 122X 高放贮存厂房由 Belgoprocess 或与外部公司 AllDeco 和 WAK 合作拆除。有三种退役方案，前两个选择方案基于大规模去污和手动拆除高放贮罐。第三种方案是完全远程拆除贮罐。在此基础上，对一个结构相同罐体进行冷试验。根据能获得的公开信息，Belgoprocess2020 年还在建设新厂房（170X），通过新厂房建立与高放贮存厂房的安全通道，并实现远程拆除。

参考文献

[1] West Valley Demonstration Project Decommissioning Successes & Challenges.
[2] West Valley Demonstration ProjectDisposition of Tank 8D-4 Contents.

[3] FACILITY FOR THE SAFE DECONTAMINATION AND DISMANTLING OF STORAGE TANKS IN BUILDINGS 105X/122X ON THE ONDRAF/NIRAS SITE 1 (DESSEL, BELGIUM).

[4] Management of HL Deposits for the D&D Of UP1 Reprocessing Plant - Retrieval and Treatment Scenarios [A]. WM2015 Conference-15295.

[5] Tank Waste Retrieval, Processing, and On-site Disposal at Three Department of Energy Sites: Final Report[R].

[6] J. Dux, Beata Eisenmann, et al. Decommissioning and Dismantling of Prototype Reactors and Fuel Cycle Facilities at the German Karlsruhe Site-Progress and new Challenges, Proc. Waste Management Symposium, Phoenix Arizona USA, 2010.

[7] Volker Engelbrecht, Daniel Friedrich, Klaus-Dieter Krug. Dismantling of HLLW Process Installations of the German Reprocessing Facility (WAK)-Progress and first Experiences in Hot Application of Remote, Proc. Waste Management Symposium, Phoenix Arizona USA, 2017.

[8] DECOMMISSIONING OF WAK/VEK.

[9] ASN REPORT on the state of nuclear safety and radiation protection in France in 2021.

[10] Methods for Heel Retrieval for Tanks C-101, C-102, and C-111 at the Hanford Site [A]. WM2013 Conference-13064.

[11] Department of Energy Tank Closure- An Examination of Alternative Approaches [R]. WM2015 Conference-15390.

[12] Hanford's Double-Shell Tank AY-102 Recovery Project [R]. WM2017 Conference-17416.

[13] GAO, HANFORD CLEANUP: DOE's Efforts to Close Tank Farms Would Benefit from Clearer Legal Authorities and Communication, GAO-21-73.

[14] Chemical Sludge Heel Removal At The Savannah River Site F-Tank Farm Closure Project [A].

[15] DOE (U.S. Department of Energy), 2002. Savannah River Site High-Level Waste Tank Closure Environmental Impact Statement (DOE/EIS-0303), Aiken, South Carolina.

第 9 章　高放废液贮存设施退役实践

9.1　美国

9.1.1　汉福特高放贮罐

9.1.1.1　设施概况

汉福特场址单壁贮罐（见图 9-1）建于 1943—1964 年，直径 23 m，高 9~16 m，内部为碳钢结构，外壳为混凝土，穹顶盖板厚为 2~3 m。单壁贮罐中，100 系列的容积在 2 006 m^3到 3 785 m^3，200 系列的容积为 208 m^3，其中有 68 个单壁贮罐据推测已发生泄漏。场址上单壁贮罐内均无冷却蛇管，且全部贮罐均已超过设计寿命；双壁贮罐建于 1968—1986 年，为双层碳钢贮罐（见图 9-2），单个容积为 2 800~4 300 m^3。

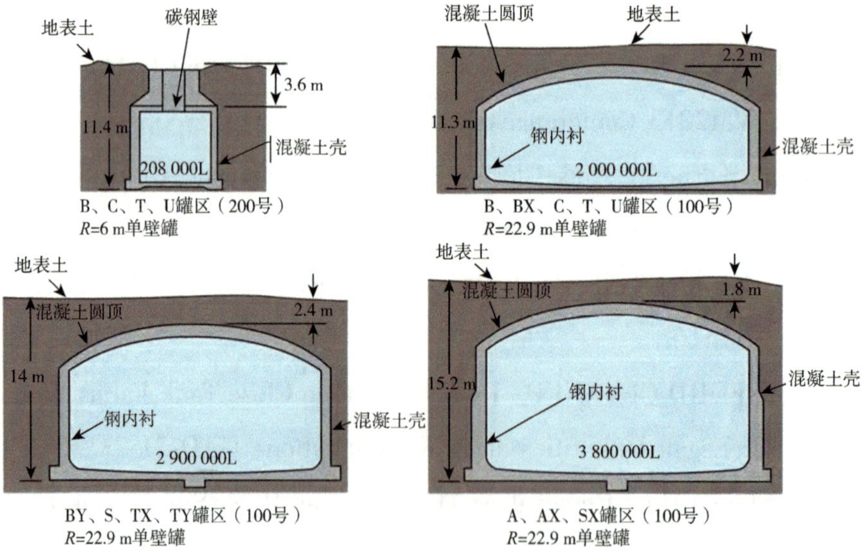

图 9-1　汉福特单壁贮罐截面图

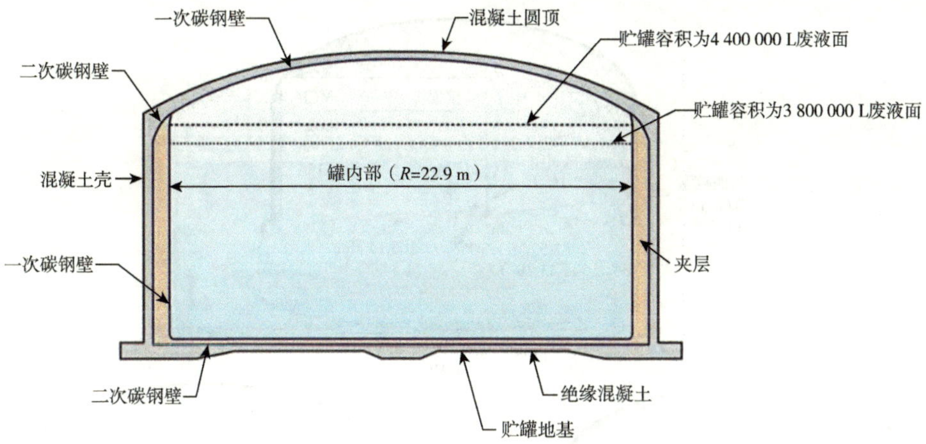

图 9-2 汉福特双壁贮罐截面图

汉福特场址废液贮罐不少已超过设计使用寿期 50 年。场址清污的首要任务是把单壁贮罐中的废液转移到双壁贮罐中，减少废液泄漏影响。在汉福特 2023—2033 年战略中，能源部预计 2078—2091 年完成汉福特场址清污任务。

贮罐清污任务由河流保护办公室负责，包括贮罐废物的贮存、回取、处理和处置以及罐区和相关设施的关闭。

9.1.1.2 废物特性

汉福特场址罐区贮存的高放废液主要来自钚生产期间乏燃料的后处理，后处理工艺包括雷多克斯、普雷克斯和磷酸铋工艺，以及非乏燃料后处理活动，例如铀回收、锶和铯分离以及钚精炼厂运行等。罐内贮存的废液化学和放射性组分复杂，主要的放射性核素有 ^{137}Cs、^{239}Pu、^{240}Pu、^{90}Sr、^{99}Tc 等。单壁贮罐内的废物主要由上清液、泥浆和盐饼等组成，钠和铝浓度高。双壁贮罐内的盐饼与上清液的组分与单壁贮罐相同，但含有少量锶和超铀元素，上清液与盐饼上方有残留蒸气，主要是气体，含少量氢气、氮氧化物、氨气与微量有机化学物质、水蒸汽。

根据 2004 年数据，贮罐内的废物量总计 204 000 m^3，总活度为 1.93×10^8 Ci，其中单壁贮罐内为 121 000 m^3，盐饼与泥浆的总活度为 9.8×10^7 Ci，双壁贮罐83 000 m^3，液体的总活度为 9.5×10^7 Ci。汉福特场址贮罐内废物的放射性分布情况见图9-3。

汉福特高放废物贮罐中，上层有悬浮物，底部存在泥浆和结晶盐块沉积物，有的已形成坚硬固结物，因为各个贮罐所贮存废液的组成、酸碱度、放射性活度、贮存时间有差异，所以底部情况有较大差别，要取得有代表性样品，弄清

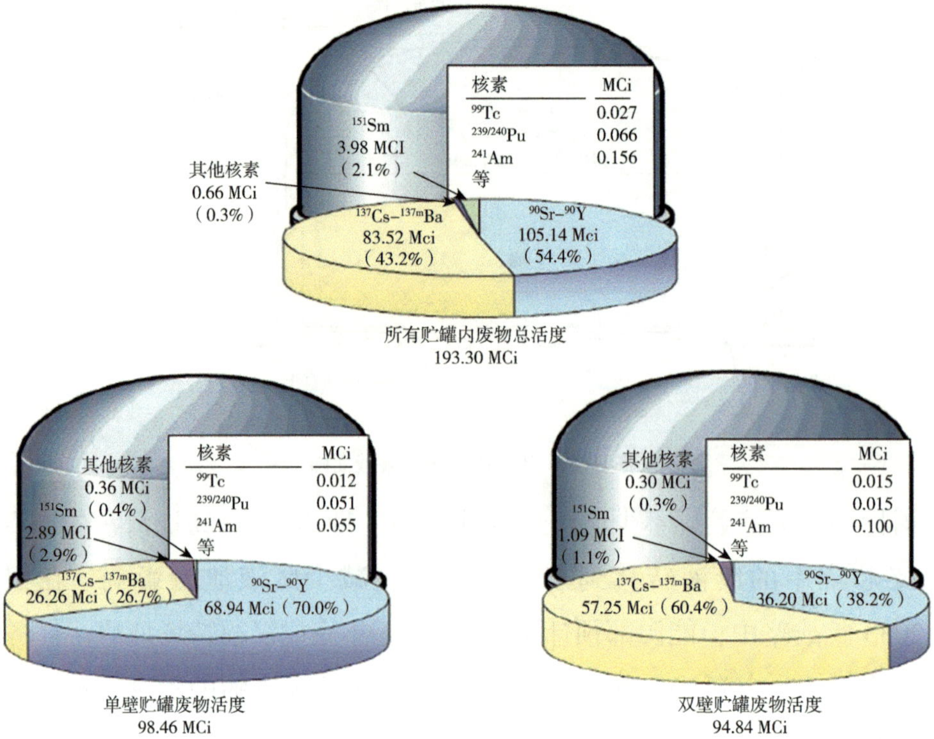

图 9-3 汉福特贮罐内废物放射性分布情况（2004 年）

其组成和存在形态，了解贮罐的腐蚀情况都十分困难。汉福特废物特性见表 9-1。

表 9-1 高放贮罐内的沉积物

样品	主要成分	含水率/%	剪切强度	颗粒物粒径	体积密度/(g/cm^3)
泥浆物	金属氢氧化物	8~60	100 Pa~6 kPa	5 μm 到大块	1.4~2.0
盐饼	硝酸盐、碳酸盐、磷酸盐、氟化物	8~60	200 Pa~10 kPa	亚微米级到大结晶	1.6~1.9
主要核素	^{137}Cs、^{90}Sr、^{99}Tc、$^{239,240}Pu$				

9.1.1.3 废物回取

废物回取是将废物从单壁贮罐中泵出，倒入状态尚好的双壁贮罐暂存，最终送入处理设施处理。

汉福特场址根据能源部与华盛顿州政府和国家环保局的三方协议开展贮罐废物回取处理等清污工作。回取工作从已经发生泄漏的单壁贮罐开始，首个回取的罐区为 C 罐区，该罐区土壤污染水平较低且离新建的废物处理设施较近，被认为是最易回取的罐区，其清污方法作为其他 17 个罐区回取方法的示范。回取后，每个贮罐内的剩余废物量不得超出监管规定限值。截至 2022 年年底，汉福特场址完成 1 个双壁贮罐的回取，正在进行第 21 个单壁贮罐内废物回取。

回取工作面临的挑战主要体现在四个方面。一是罐内放射性废物特性特征，除了放射性本身外，废物的形态，如泥浆和盐饼以及罐底硬质固结物是回取的难点重点，值得注意的是，汉福特场址上没有哪个贮罐只含有盐饼或是泥浆，所有贮罐内都存在不同形态的废物，只是在程度上有所不同；二是贮罐结构本身带来的挑战，如贮罐升液管孔径的大小以及罐内硬件的多少和位置等，会影响某些特定功能的设备是否能够成功布置；三是贮罐现状，由于部分贮罐已经发生泄漏，因此在选择回取技术时要考虑所选方法是否会加重泄漏；四是废物输送存在的难题，由于单壁贮罐的废物回取后将全部输入双壁贮罐，因此需要考虑是否有足够的贮存空间，以及废物的地面输送路径及输送管道安全问题。此外，由于贮罐之间在基础设施方面存在个体差异，具体回取技术的应用和设备部署涉及的基础设施改造也是回取难点之一。

上述回取挑战是实践中选择采取哪种回取技术的重要考虑因素。

根据三方协议（TPA），场址上所有单壁贮罐应于 2040 年前完成废物回取，回取的废物输送至 28 个双壁贮罐内，2043 年关闭所有单壁贮罐；2047 年前完成双壁贮罐废物回取，2052 年关闭所有双壁贮罐。然而，在 2019 年的生命周期成本估算中，能源部推迟完成所有单壁贮罐和双壁贮罐废物回取和关闭时间期限，至少延期至 2069 年。但对能源部确定的贮罐最新终态时间，三方协议还没更新。

单壁贮罐回取采用的回取系统/方法主要有改良冲洗和真空回取系统两种。另外，在多年回取经验的基础上，汉福特也在不断改进现有回取技术，同时研发更高效的回取技术。

（1）单壁贮罐 241-C-106

单壁贮罐 C-106 分别于 1998 年与 2003 年开展了两次废物回取作业，采用两种回取方法：前者采用高压水冲洗法；后者采用改良式冲洗结合草酸溶解的回取（见图 9-4）技术。

高压水冲洗系统由一台冲洗器；一台输送潜水泵；一台增压泵；两条地下输送管线；罐内摄像系统；测量和监测温度、可燃气体和液体泄漏的各类仪器仪表组成。该废液回取系统与常规冲洗不同，泵位于贮罐中部位置，冲洗器喷嘴对贮罐进行反向冲洗。回取作业期间，利用旁边的 AY-102 罐内的上清液搅

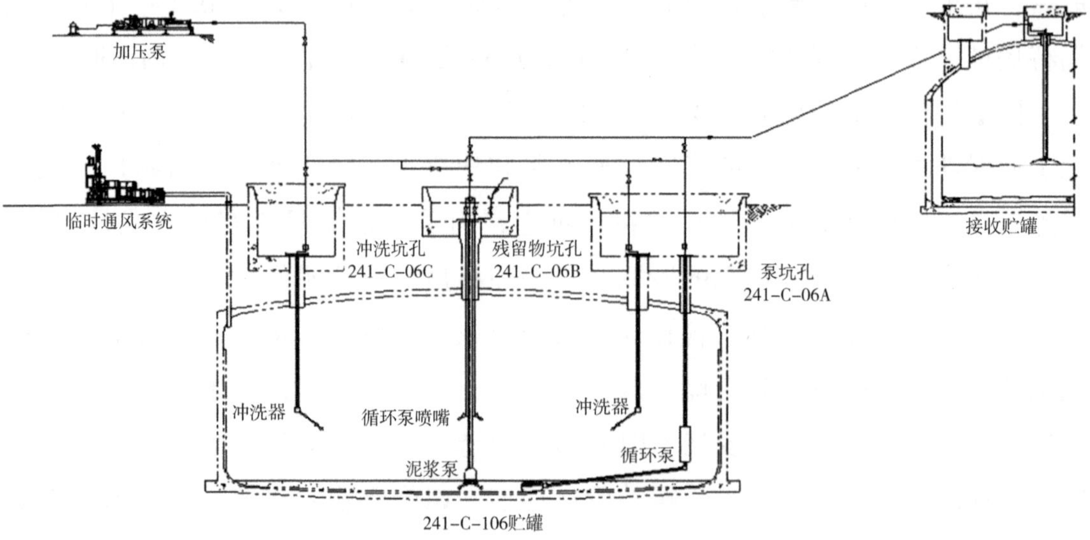

图 9-4　改良式冲洗系统

动泥浆。

高压水冲洗回取了贮罐内 97%的泥浆，约 710.6 m^3。剩余的硬质固结物，打碎后形成了泥浆团和碎块，带有一些较大的“砾石”或“卵石”物质，由于贮罐底部没有输送此残留物的泵，残留在罐内，其中有 34.2 m^3泥浆，136.8 m^3废液。

为回取贮罐内的残留废物，采用改良式冲洗与草酸溶解的方法。改良式冲洗采用一个绞链式、高压、小体积喷嘴使泥浆流动、溶解并将废物推入回取泵以便从贮罐内回取。分六批次加入浓度为 0.9 mol 的草酸溶液，溶解残留废物并减少颗粒大小。回取过程中，采用混合喷射器对草酸进行再循环利用，并以 0.32~1.3 m^3/s 的速度，经由两个冲洗喷嘴连续加入原水使废物流动。改良式冲洗配合草酸溶解的方法最终完成了残留泥浆的回取，回取的泥浆泵送到双壁贮罐 AN-106。

（2）双壁贮罐 AY-102

双壁贮罐 AY-102 是高释热泥浆接收罐，罐内泥浆有两层，底层 20~30 cm；上层 109~120 cm，来自 C-106 贮罐的清洗回取泥浆。上层泥浆固体主要含有铁、铝、钠与碳酸盐，冲洗后易于流动；底层泥浆含有大量铁、铀、铝，不易流动。2012 年，检测发现贮罐发生泄漏。

AY-102 贮罐内泥浆回取采用改良式冲洗与延伸式冲洗装置相结合的方法。分两个阶段实施：第一阶段分两步，首先倒出上清液，然后回取泥浆与隙间液体，采用冲洗水枪进行喷淋冲洗，使固体泥浆移动，移除了罐内约 95%的废物；

第二阶段利用4个延伸式冲洗器进行高压水冲洗回取，移除罐内约97%的残留泥浆。2017年4月，完成回取作业，回取出的泥浆送241-AP-102贮罐贮存。AY-102贮罐泥浆回取与输送系统见图9-5。

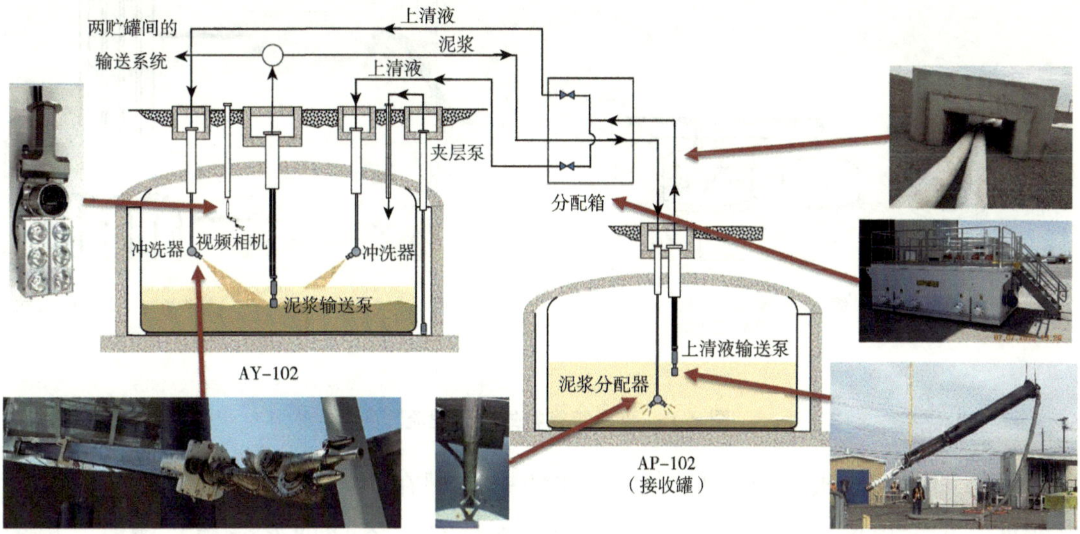

图9-5　AY-102贮罐泥浆回取与输送系统

9.1.1.4　废物处理处置

能源部为了完成汉福特场址退役，建造废物处理与固化厂（WTP），预计2030年基本建成。WTP包括预处理厂、低放废物固化厂、高放废物设施、分析实验室和辅助设施，花费110亿美元。WTP工艺是用离子交换剂除铯后，将低放废液进行玻璃固化，因此建造两座电熔炉，每天能生产30 t低放玻璃固化体。熔融玻璃装在容量6 t的不锈钢容器中，冷却、封闭、去污后，用卡车运到汉福特场址的废物填埋场处置。另外建造两座电熔炉固化高放废液，每天生产3 t高放玻璃固化体。高放玻璃固化体先在汉福特场址临时贮存，待将来运往处置库处置。

三方协议要求能源部在2047年完成高放废物和低放废物的处理和玻璃固化。汉福特废物处理处置流程见图9-6。

9.1.1.5　贮罐关闭

汉福特还没有确定其单壁罐的最终关闭计划。汉福特高放贮罐退役策略的实施需要高度复杂的技术、管理和资金支持。为此，美国能源部设立了一个专门的团队，负责策划、实施和监督退役工作。该团队还与国内外专家和机构合作，共同开展技术研究和应用，以确保退役工作的安全、高效和可持续。

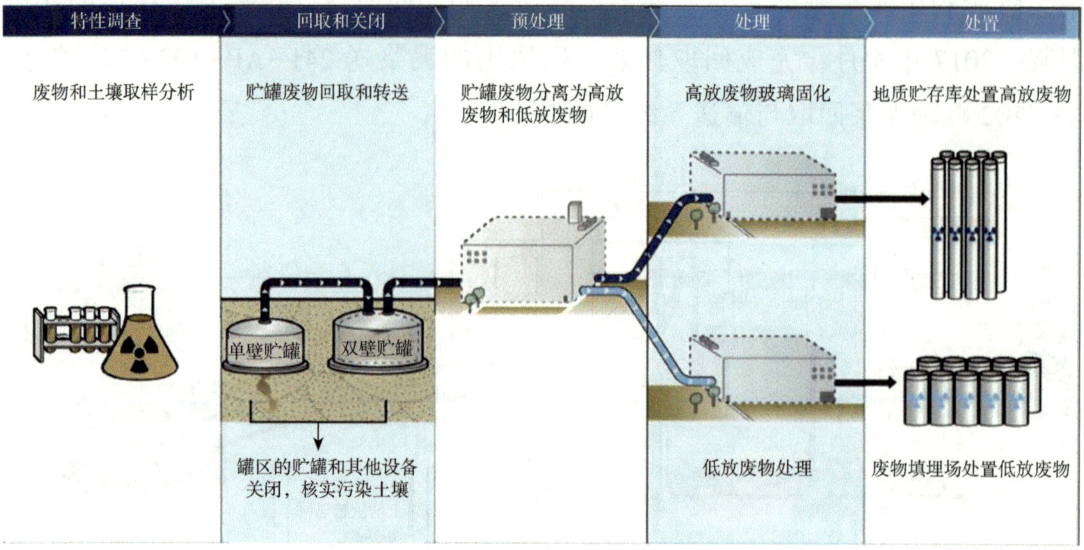

图 9-6　汉福特废物处理处理流程图

一份环境影响报告已经启动，以评估单壁罐在罐内废物回取后的最终关闭可能性。为了规划的目的，汉福特目前正在评估一个填埋场的相关情况，根据在萨凡纳河遗址的研究和现场经验，利用灌浆作为填充材料。砾石、混凝土和其他材料也被考虑作为填充材料，但它们的性能不如灌浆料填充材料。汉福特排空贮罐要浇注 3 层水泥浆：

1）第 1 层：30~90 cm，该层将覆盖贮罐底物，要求水泥浇注时能够自由流动。

2）第 2 层：填充贮罐的绝大部分空间，同时起支撑贮罐的作用。

3）第 3 层：填充罐内剩余空间，该层要求水泥强度大。

汉福特的设计，贮罐封闭后，上有 8 层覆盖物，包括：沥青层、砾石层、砂层、黏土层、表面土层等，最后植被。

萨凡纳河为汉福特贮罐的第一层浇注材料开展了实验室规模、中间规模和放大规模的试验研究，进行了多点和单点浇注试验。研究发现贮罐底部废物颗粒部分被固定在水泥中，浇注层提供了还原环境，保证了有效阻止核素的溶解和迁移。汉福特也将用 C-200 系列贮罐开展浇注封闭验证研究，将在罐内水泥固化体中钻芯取样，对水泥固化体进行性能测试研究；将固化周围土壤，并对土壤固化物进行性能取样；将固化管井和直埋管道，并对其性能分析；还将固化管沟内管道，并对其进行分析；能源部还将支持汉福特进行罐内水泥配方的改进研究。

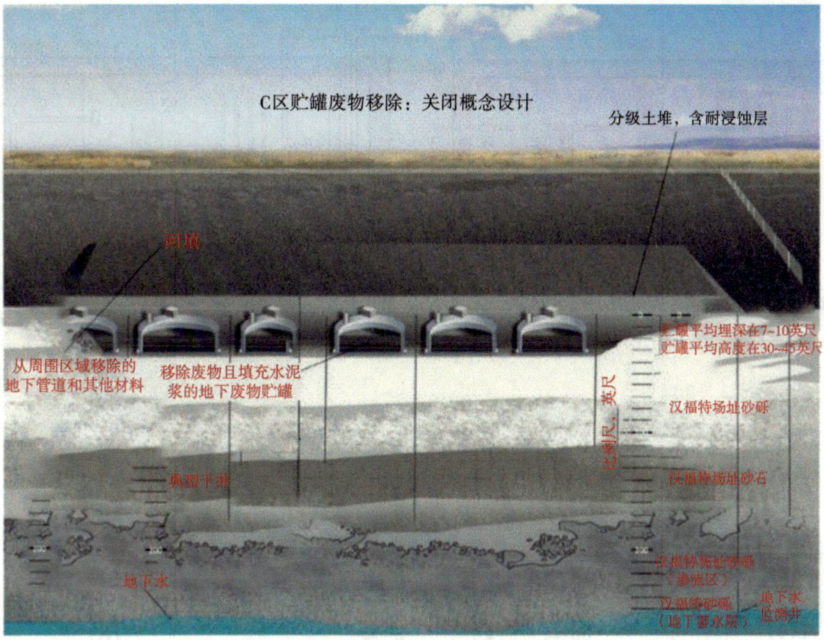

图 9-7 C 区贮罐关闭过程概念模型

C 区高放贮罐清污工作于 2019 年启动，预计将于 2036 年完成。这项工作由能源部和其承包商 Bechtel 国际公司联合承担。目前，退役工作已经完成了第一阶段的清污工作，包括将高放贮罐中的液体废物转移至更安全的贮存设施，以及对罐壁进行清洗，能源部打算将 C 区排空的贮罐进行灌浆关闭。

9.1.2 萨凡纳高放贮罐

9.1.2.1 设施概况

萨凡纳河场址上有 2 个大型后处理设施，F 谷和 H 谷，后处理产生的 13.2 万 m^3 高放废液贮存在 F 与 H 罐区的 51 个高放贮罐内，内壁为碳钢，外壁为混凝土，部分贮罐内壁与外壁之间有夹层。贮罐内径 23~26 m，高 7.5~11 m，容积范围为2 800~4 900 m^3 不等，位于地下 1~3 m 处。每个贮罐内有立管 7~40 个，孔径范围为 58~107 cm。

萨凡纳河场址的贮罐主要有 4 种类型：一类（Type Ⅰ）、二类（Type Ⅱ）、三类（Type Ⅲ/ⅢA）、四类（Type Ⅳ），见图 9-8。其中一些 20 世纪 50 年代建造的老式碳钢贮罐已经不能满足目前的包容标准，需要考虑罐内废物回取及贮罐退役。场址上的国防处理设施于 1996 年 3 月开始高放废液玻璃固化处理，清空的贮罐陆续开始清洗和关闭。

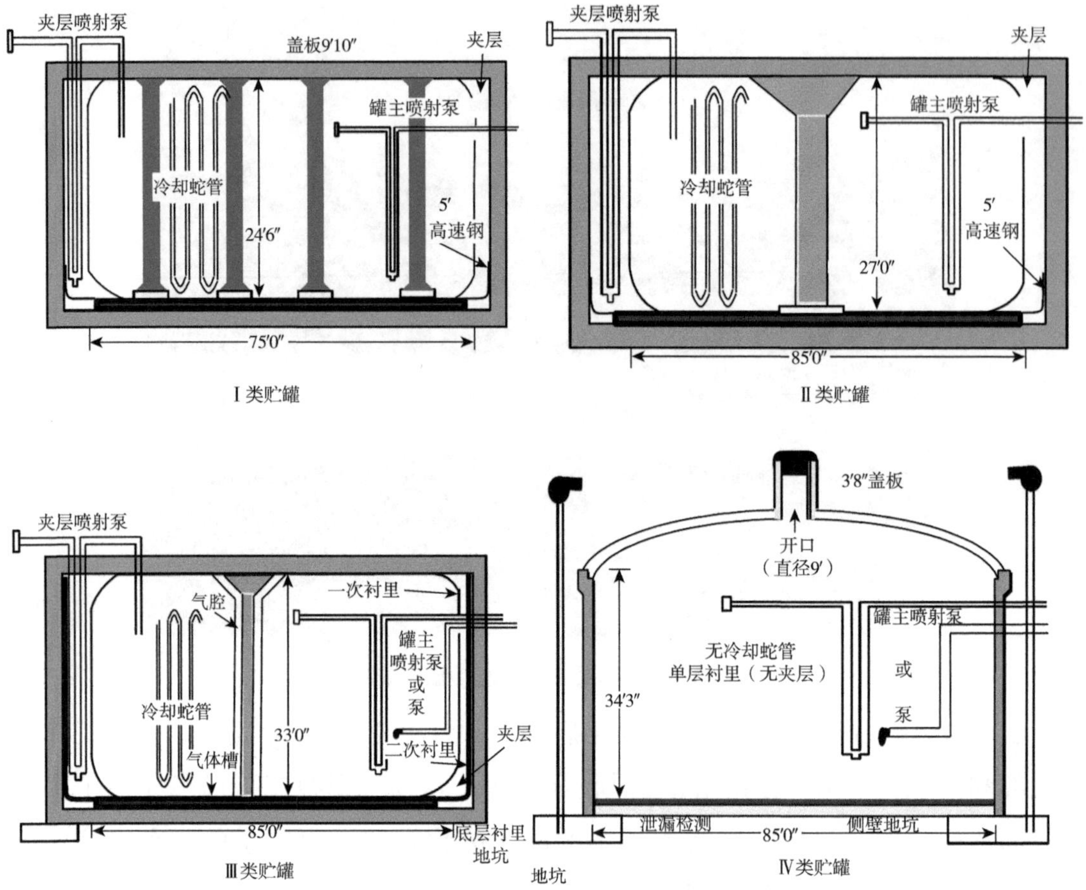

图 9-8　萨凡纳河场址四类贮罐结构示意图

萨凡纳河场址高放贮罐关闭步骤为分批次移除废物、机械清除、利用草酸化学清洗过程、取样/特性鉴定和能源部监管评价、贮罐灌浆。

9.1.2.2　废物特性

普雷克斯工艺产生的泥浆主要贮存在 F 罐区（22 个贮罐），铁含量很高，泥浆颗粒较大，快速沉积；改进的普雷克斯工艺产生的泥浆全部贮存在 H 罐区（29 个贮罐），铝含量很高，泥浆颗粒较小，沉积较慢且沉积后黏度较大。H 罐区还有部分贮罐贮存着钍燃料后处理产生的泥浆，钍含量较高。

贮罐内的废物总量为 138 000 m^3，总活度为 4.26×10^8 Ci。贮罐内主要有三种形态的废物：上清液（66 000 m^3）、泥浆（沉淀的金属氧化物）（9 800 m^3）、盐饼（蒸发形成）（62 000 m^3）。上清液与盐饼统称为含盐废物。废物中含后处理使用的酸与其他化学物质、氢氧化钠、裂变产物（^{137}Cs、锕系元素、^{237}Np）。贮罐内放射性分布情况见图 9-9。

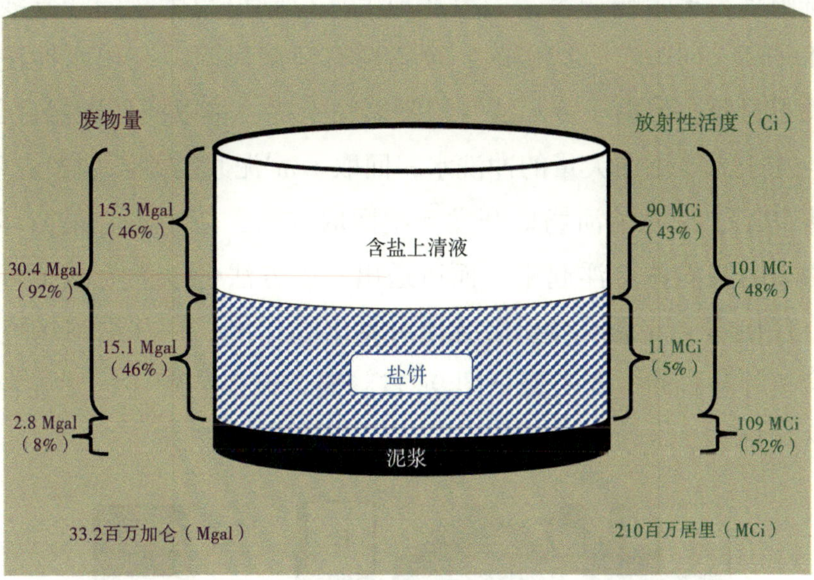

图 9-9 萨凡纳河场址贮罐废物特性（2023 年）

9.1.2.3 废物回取

贮罐废物回取需考虑以下几点安全因素，包括贮罐内的氢气控制；限制贮罐内的化学组分浓度与温度，控制腐蚀性；防止发生临界；辐射控制，含废物雾化、γ 辐射、潜在吸入照射。

为了退役贮罐，必须回取罐内废物，目前已完成 8 个贮罐的回取和关闭工作（见图 9-10），剩余 43 个贮罐正在废物回取、清洗和关闭中。

图 9-10 萨凡纳河场址贮罐回取和关闭

1970 年以前，场址上主要采用高压水冲洗进行泥浆回取，喷嘴数量一般为 4~5 个，最大水压为 3 000~3 500 psi，回取率在 82%~95%。高压水冲洗需要安装几个冲洗喷嘴与多个输送泵，需要在地上增设管道与废物输送管线，贮罐周围的辐射水平高，同时若管线破裂，废物会有泄漏风险。高压水冲洗对于大量废物回取效果显著，但由于冷却蛇管等障碍物干扰，难以回取贮罐底部的泥浆。最大的缺点在于需要添加大量的冲洗水，回取 1 m^3泥浆需要添加 5 m^3清洗水。

1977 年以后，萨凡纳河场址开发新型回取方法，使用离心泵循环利用贮罐内的上清液使泥浆固体悬浮起来，而后送出。该方法可以大大减少新添加的清洗水量，且仅使用一台泵或喷射装置便可将废物运出。萨凡纳河场址泥浆回取采用的混合搅拌装置的主要类型见图 9-11。混合搅拌装置可连续旋转，或在贮罐内指定区域旋转。

（A）高压水冲洗装置（B）标准泥浆泵（C）四涡壳泥浆泵

（D）先进混合泵（E）潜水混合泵

图 9-11　萨凡纳河场址泥浆回取混合搅拌装置类型

此外，针对大量废物回取，也开发了一些新型技术，包括 Flygt 混合器、先进混合泵与商用潜水混合泵等。各种泥浆回取泵的性能对比见表 9-2。

表 9-2 萨凡纳河场址各种泥浆回取泵性能对比

装置类型（制造商）	流量/(m^3/min)	喷嘴直径 d/m	喷嘴速度 u_0/(m/s)	$u_0 \cdot d$/(m^2/sec)	转速/(r/min)	电机功率/kW	有效清洗半径/m
标准泥浆泵（Sulzer）	4.5	0.038	33	1.26	1 750	112	7.9
标准泥浆泵（Lawrence）	4.5	0.038	33	1.26	1 790	112	7.9
四涡壳泵（Sulzer）	20	0.091	25	2.25	2 200	224	12
潜水混合泵（Curtiss-Wright）	29	0.112	24	2.73	1 400	224	16
先进混合泵（Lawrence）	40	0.152	18	2.78	1 150	224	16
商业潜水混合泵（GPM）	7.4	0.050	31	1.55	1 791	150	8.8

针对贮罐内残留泥浆回取，萨凡纳河场址主要采用化学法进行回取。以场址上 5 号与 6 号罐残留泥浆回取为例进行介绍。

5 号与 6 号贮罐使用潜水搅拌泵使泥浆悬浮而成为浆液，把浆液用泵输送到其他废物贮罐做进一步处理。由于罐内冷却蛇形管的干扰和其他设备的妨碍，机械法清除效果有限。完成机械清除时，6 号贮罐残留的泥浆残渣的体积大约是 22.7 m^3。机械法回取作业结束后，采用化学法回取贮罐内的残留泥浆。

化学法清除残留泥浆的工艺共 11 个步骤，具体如下：

1）第 1 步：加入 51.3 m^3水，稀释残留的上清液（除钠）并用泵抽出，重复此步骤；

2）第 2~3 步：加草酸并用潜水搅拌泵搅拌；用泵抽出酸性废液；重复第 2~3 步部分操作；

3）第 4 步：冲洗未清洗到的冷却蛇形管内的泥浆；

4）第 5~6 步：通过喷淋清洗进行最后的草酸冲击；用泵抽出酸性废液；

5）第 7 步：用水清洗贮罐夹层，将清洗液送入主贮罐内；

6）第 8~9 步：用水进行喷淋清洗；添加更多水并用潜水泵搅拌；

7）第 10 步：用泵抽出残余的不溶固体；

8）第 11 步：安装排水泵抽出剩余液体，直至液位降至 1.27 cm 或以下，化学法清除残留泥浆废物完成。

9.1.2.4 废物处理处置

萨凡纳河场址的废物处理工艺流程见图 9-12，贮罐废物回取后，通过相关设施对累积的沉淀物和盐溶液（上清液）进行预处理，进而借助萨凡纳河场址其他设施（国防废物处理设施和盐石处理设施）对这些废液进行处理。回取的泥浆首先送入专门的贮罐进行清洗预处理，去除泥浆中的可溶解盐成分，然后送到在萨凡纳河场址上的国防废物处理设施进行玻璃固化处理，固化体进行贮存待深地质处置。预处理产生的清洗废水与玻璃固化产生的低放废液返回至贮罐。

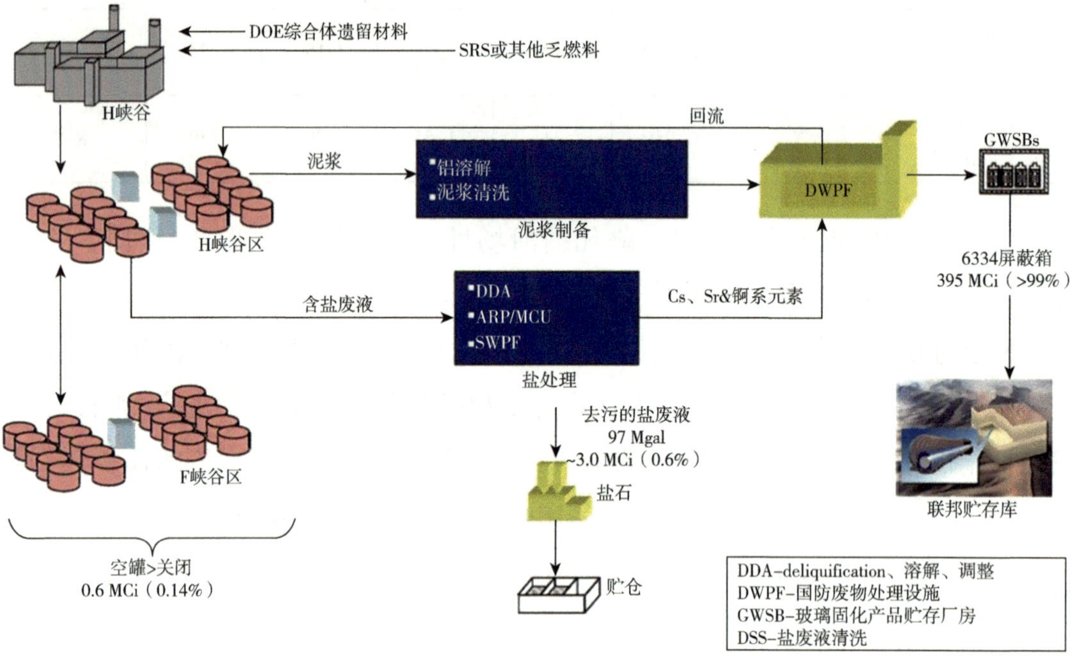

图 9-12 萨凡纳河场址废物处理流程图

9.1.2.5 贮罐清洗

当废物移除完毕，贮罐清洗干净后，停用所有废物输送管道和通风系统，对贮罐进行清洁，使贮罐达到后续操作所需的放射性水平。

使用旋转喷头喷射热水对贮罐进行清洗，以清除靠近罐体边缘的废物，这些废物不容易被泥浆泵清除。如果使用喷水清洗不能满足标准，则采用其他清洗技术，包括机械方法、草酸清洗，或其他化学清洗方法。在草酸清洗过程中，先喷水清洗，后将 80~90 ℃的热草酸通过喷水清洗的喷头喷出。然后用泥浆泵搅拌罐内内容物，随后将液体混合物抽出罐外。

在清洗 17 号、20 号罐时，还利用了一种阿海珐开发的强化化学清洗（ECC）工艺，此工艺在使用草酸清洗技术仍无法达标时使用。具体是在罐内采用稀释浓度的草酸溶解固体废物，并将溶解的废物泵入一个再循环回路，然后将游离的草酸和金属草酸盐送入一个酸洗装置，补充草酸并继续循环用于清洗罐体，此种工艺尤其适用于有障碍物的罐子。

在清洗 17 号和 20 号贮罐（内部无障碍）时，使用了一种名为砂螳螂的机器人，但该机器人仅适用于无障碍物的区域，后来经过不断改进，目前该机器人已能在有障碍物的贮罐内工作。

9.1.2.6 贮罐关闭

贮罐关闭采用的方法为就地灌浆。灌浆前要对清空的贮罐进行清洗，达标后浇注水泥浆。完成灌浆固定后，部分贮罐需要在顶部放置回填土，确保贮罐区域与周围地面高度一致，防止可能加速贮罐结构退化的积水情况。

灌浆关闭工作面临的挑战主要体现在水泥固化体的长期稳定性和核素的长期有效固定是能源部面临的难题，为此能源部开展了多方面的研究，以保证该技术的可靠性。萨凡纳河一方面开展水泥固化配方研究和核素浸出数据库的建设，另一方面也开展^{99}Tc 在水泥中的稳定性和迁移模型研究。

截至目前，萨凡纳河场址已成功关闭 8 个贮罐：1997 年关闭 17 号和 20 号贮罐；2012 年关闭 18 号和 19 号贮罐；2013 年关闭 5 号和 6 号贮罐；2015 年关闭 16 号贮罐；2016 年关闭 12 号贮罐。

萨凡纳河的 17 号贮罐（直径为 26 m、高为 14 m）废液倒空后，再往里灌注水泥浆，灌到离贮罐顶部 1 m 后，浇注混凝土，填满其空间。贮罐所有开口都用极强的水泥加以封堵。一个贮罐的灌浆和封堵工作约需 90 天。

1997 年，萨凡纳河场址的 17 号和 20 号贮罐排空后，浇注 3 层水泥浆进行封闭。浇注底部第一层高强度的还原灌浆料直接与废物接触，其作用是固定核素并且作为工程屏障。中间一层强度较低，但是厚度最厚；最后是一层高强度 2 000 psi的灌浆料作为贮罐顶部的入侵屏障。

由于贮罐底部有死角，企图将底部废物与水泥浆混合很困难，在浇注排空废物后的 17 号和 20 号贮罐时，首先在贮罐底部的最外围浇注水泥浆，将底部废物挤到罐底中间，之后逐渐浇注，贮罐底部的不溶废物包含锕系核素，随着水泥浆的不断浇注，底物中的水向上移动，水中包含溶解度大的核素如锝等，这些核素被中间层的干水泥所吸附，干水泥上面再浇注水泥，以形成一层致密的防水层。最后，再浇注一层高强度水泥，防止底层被入侵。

2007 年，针对 18 号、19 号贮罐退役，开发了一种多合一的灌浆料，提供与三层独立灌浆料相同的性能（见表 9-3），用于固定残留废物和批量填充。

表 9-3　萨凡纳河高放贮罐关闭灌浆配方

	17 号、20 号贮罐（1997 年）			1998 年多合一（1997 年流动性填充料改进）	2007 年多合一灌浆研究
组分	还原性灌浆	不产生分泌水的流动性填充料	不产生分泌水的 2 000 psi 灌浆	不产生分泌水的多合一还原性填充料/灌浆	多合一灌浆（070070 配方）
Ⅰ方 0 型波特兰水泥（lbs）	1 353	150	550	75	185
100 级矿渣（lbs）	209	—	—	210	260
F 级飞灰（lbs）	—	500	—	375	850
硅粉（lbs）	90	—	—	—	—
石英砂（lbs）	1 625（圬工沙）	2 300（混凝土沙）	2 285（混凝土沙）	2 300（混凝土沙）	942
ASTM-33 8 号石 3/8 英寸压碎花岗岩（lbs）	—	—	—	—	946
水（gal）	86. 4	63	65	60	61
高效减水剂（fl oz.）	250	90* Adva Flow	140 Adva Flow	90* Adva Flow	54 Adva Flex
Viscosifier kelcocrete ®（g）**	—	275	275	275	216
水化稳定剂（fl oz.）	150	—	—	—	根据需要
硫代硫酸钠（fl oz.）	2. 1	—	—	2. 1（可选）	2. 1（可选）

注：* Advaflow 和 Kelco-crete ®预先混合后再加入混合物中而不是分别加入；

** 还原性 CLSM 采用了该配方（编号：OPCEX-X-P-0-BS，列入萨凡纳河场址《混凝土规范》）。

18 号和 19 号贮罐的关闭在 2012 年完成，实际使用的是新一代可流动的水泥基灌浆料。该灌浆料 24 小时后分泌水为 0%（体积）；总体呈碱性，pH 为 12. 4；具有化学还原性，还原电位（E_h）为 $-400\sim200$ mV。具有这些化学性质的灌浆可以稳定潜在的紧要污染物，这是通过加入波特兰水泥和 100 级矿渣实现的。贮罐内的泵、管道等废弃设备也需要灌浆，这种灌浆与用于罐底和罐内空间的灌浆的不同之处仅在于流动性更强。因此 18 号、19 号罐的灌浆实际用了 2 种配方。其他贮罐所用灌浆配方根据各罐的特性会进行一定程度调整。18 号和 19 号贮罐的关闭在 2012 年完成，实际使用的是新一代可流动的零泌水水泥基灌浆料，灌浆料为碱性，pH 为 12.4，并具有化学还原性，还原电位（E_h）为 −400～−200 mV。通过在加入波特兰水泥和 100 级矿渣可以稳定潜在的相关污染物。贮罐浇注水泥浆和封闭，但只打算浇注 2 层，底部的一层最厚，作为工程屏蔽层，上层强度大，作为保护层。

美国能源部认为水泥固化体的不透水性能能够保证 500 年，碱性和还原性可以维持 1 000 年以上，开展了水泥固化体的抗浸泡性能、核素的浸出性能和水泥固化体的长期耐久性研究。

9.2 法国

9.2.1 贮罐基本情况

高放贮罐 71.21A、B、C 是 UP1 厂的 100HA 71 号车间的核裂变产物浓缩车间蒸发器的接收和进料贮罐，每个贮罐配备冷却管，容积为 10 m^3。运行期间，UP1 厂处理过各种类型的燃料元件，其中的 MAR200 设施的新溶解工艺中，由于复杂的化学工艺和操作车间的管路和设备已经严重结垢，有不溶性微粒和析出物沉淀下来，并且在运行过程中在不同的贮罐和设备中累积，特别是高放贮罐 71.21A、B、C。

9.2.2 特性调查

1997 年 UP1 厂关闭后，在初始拆卸阶段，对浓缩车间 71 的贮罐进行了清洁和冲洗作业。尽管进行了上述初步处理，但根据 2013 年和 2017 年的调查，检测显示贮罐底部存在高辐照工艺沉积物（200 Gy/h）。3 个贮罐的沉积物超过 1.2 t。由于存在 ^{137}Cs，这些沉积物的特点在于其极高的放射性。在侵入式调查活动期间，观察到与取样器接触的剂量率约为 10～50 Gy/h（质量为 10～20 g）。在贮罐顶部测得的非准直剂量率为 200 Gy/h。贮罐中的放射性占 100HA 厂房可去污放射性的 98%和马尔库尔整个场址的 17%。因此，原子能与可替代能源委员会（CEA）决定优先清理这些可去污的源项。

9.2.3 退役拆除

9.2.3.1 拆除前准备

在开始拆除贮罐前，必须对厂房的土木工程进行某些改进。此外，该房内的一些设备需要在不久的将来拆除，例如：

1）走廊里的管道和电缆；

2）完全拆除取样器“banc 14Bis”。

9.2.3.2 沉积物/沉淀物回取

一旦完成初步行动，必须对贮罐进行去污，并清除其中的高放射性沉淀物。原子能与可替代能源委员会采用了“干法”回取沉积物。清除罐底沉积物的过程包括使用末端装有机械工具（铲子或桶）的远程操作设备（见图 9-13）。沉积物直接封装在配有盖子的小型不锈钢容器中。在将不锈钢容器装入贮罐前，将盖子从容器上取下，装入沉积物后盖上盖子。提取模块执行与盖子安装/移除、将容器装入贮罐以及装入沉积物后对容器进行输送等功能。

装入沉积物后，将小型不锈钢容器向上移动到屏蔽室地面以上。由于建筑物基础设施的机械阻力和作业所需设备的重量限制，以下步骤必须在不同房间进行。运输小车（见图 9-14）负责将材料从一个房间安全运到另一个房间。

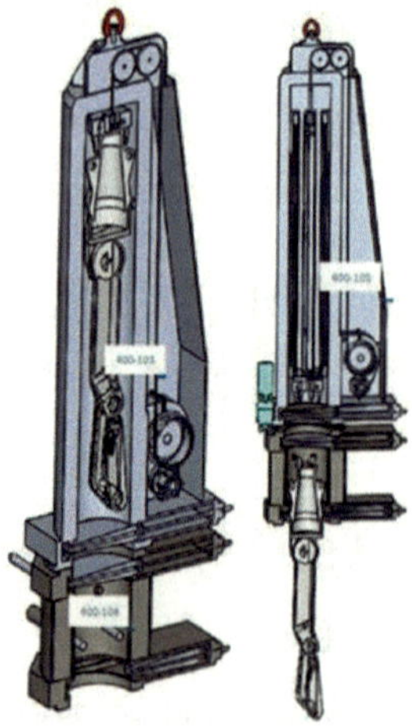

图 9-13　回收机械臂视图

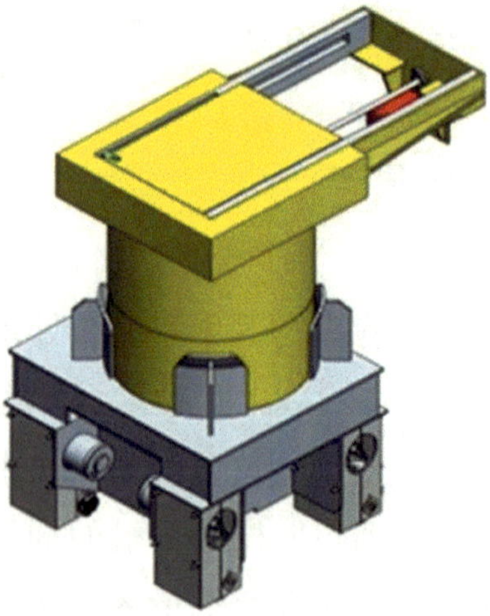

图 9-14　加固运输小车

沉积物整备最后一步发生在处理模块中。在此，对沉积物进行干燥、测量并倒入贮罐，经过去污处理后运往临时贮存中心。

9.2.3.3 退役情况

原子能与可替代能源委员会目前正在完成基本初步设计，并在不久的将来开始详细初步设计。贮罐拆除作业计划于 2032 年开始，完工日期为 2046 年。

一旦沉积物贮存在 UP1 之外，将继续拆除 71 室的蒸发器和酸回收设备。

9.3 德国

9.3.1 特性调查

德国卡尔斯鲁厄后处理中试厂的 HWL 和 LAVA 的高放废液贮罐的容积分别为 75 m^3（HWL 的 2 个贮罐）和 80 m^3（LAVA 的 2 个贮罐），罐体重分别为 16 Mg 和 18 Mg，HWL 不锈钢贮罐壁厚达至 10 mm，残留总活度为 2.6×10^{15} Bq（α，β）；LAVA 厚至 12~15 mm，残留总活度为 1.5×10^{15} Bq（α，β），罐内剂量率大于 100 Sv/h。

HWL 的其中 1 个贮罐在短期内贮存了 600 L 高放废液。排空高放废液后，立即用去离子水对此贮罐进行了冲洗和去污。因此，预计罐内没有残留物。根据剂量率计算，残留总活度为 10^{10} Bq。

HWL 的第 2 个高放贮罐自后处理厂在 20 世纪 70 年代早期投入运行后一直使用。预计因最初燃料溶液过滤不足及后处理工艺溶液沉淀，此罐有残留物。残留物的质量估计为 100 kg，总活度为 6×10^{15} Bq。

为了核实许可证申请使用的数据，对 HWL 的第 2 个高放贮罐进行了检查和冲洗（见图 9-15），随后测量了罐内和罐外的剂量率。通过尾气管（DN150，8 m，5×90°弯头）进行这些操作。为了实现此目的，将 1 个管嘴焊接在尾气管上。尾气管的一端正好位于罐顶中心。通过该管插入相机系统、剂量率探头和冲洗头。首先利用相机系统对贮罐进行目视检查，发现贮罐底部有白色沉淀堆积、罐内和罐壁有壳状残渣，评估后确认固体质量与假设的 100 kg 一致。测量了罐内和罐外不同高度的剂量率。罐外最大剂量率为 5 Sv/h，在罐内，将最大测量范围为 100 Sv/h 的剂量率探头放到距罐底 1 m 左右的位置。测量值核实了活度估计值。随后将传统清洗喷嘴置于罐内上部三分之一位置对贮罐和内部构件进行冲洗，所用去离子水量约 1 m^3。通过目视检查和进一步的剂量率测量对冲洗效果进行检查(见图 9-16)。冷却管上的残渣去除了一部分，而黏附的硬壳和罐底沉积物用水冲洗不能去除，冲洗后测得的剂量率仅比最初的测量值稍低。接下来用特制取样系统（见图 9-17）取少量的残渣样，最终取了 31 mg 样品。所取样品的剂量率为 20 mSv/h。

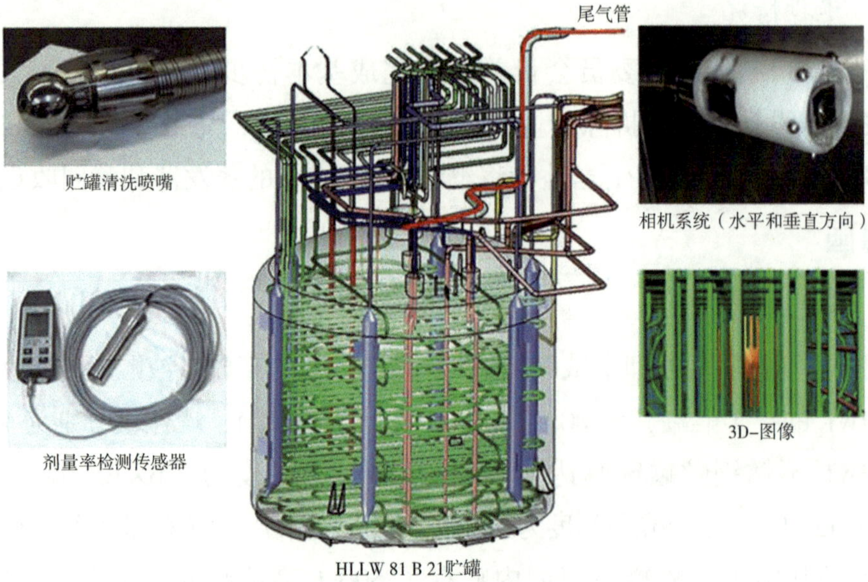

图 9-15　HWL 81 B 21 罐内目视检查和冲洗设备

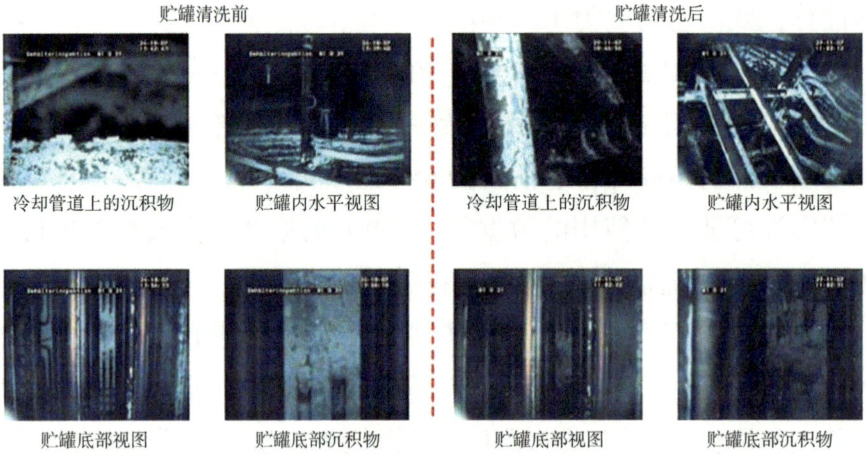

图 9-16　冲洗前后目视检查图

图 9-17　取样装置

9.3.2 退役准备

根据德国原子能法，WAK 场址退役项目的许可证审批采取分阶段实施办法。LAVA 热室拆除许可证于 2011 年获得。该许可证的工作范围包括：高放试验室手工拆除；邻近房间的工艺设备手工拆除；安装远距离操作需要的系统；对 LAVA 的工艺热室 L3，L4 和 L5 实施远距离拆除。

预计 LAVA 贮罐（见图 9-18）不会有残渣。由于几何形状、固体悬浮装置和玻璃固化运行结束时对贮罐的有效排空，这些贮罐将几乎完全排空。清洗后，冲洗水将进行玻璃固化，估计贮罐的剩余活度为 10^{13}Bq。

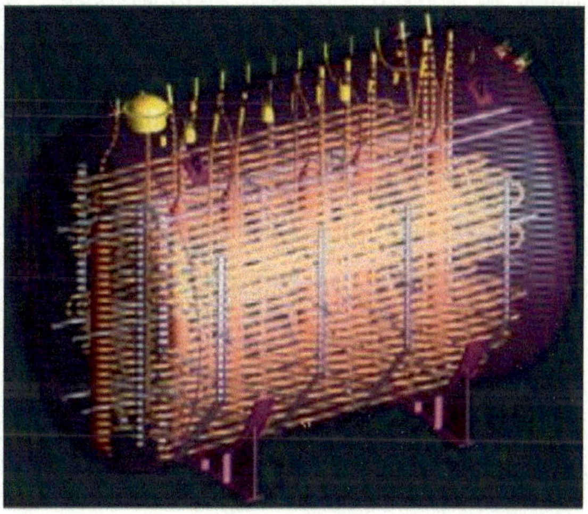

图 9-18　LAVA 高放贮罐

对 3 个热室（L3-L5）退役，先决条件是安装配有成像系统的中央控制室。容器呼排系统是 1 个重要的工艺系统，在玻璃固化完成后仍需要运行。对容器呼排系统进行了整改，利用 VEK 熔炉尾气系统的风机使 LAVA 和 VEK 厂房工艺设备处于负压以防止热室进一步污染。从安全角度考虑，拆除方案要确保相应容器和管道保持所需的负压状态，以便即使 LAVA 热室内存在平行的拆除活动也能防止污染扩散。进行了广泛的剂量率测量对设计基准数据进行核实（见表 9-4）。

表 9-4　LAVA 热室剂量率和设备分类

设备	热室	最大剂量率/(Sv/h)	分类
输送罐	L3	70	高放废物
其他罐	L3-L5	1	高放废物

续表

设备	热室	最大剂量率/(Sv/h)	分类
输送管	L4	0.4	中放废物
尾气管道	L3-L5	0.2	中放废物
尾气除尘器	L5	0.1	低放废物
蒸发器	L4	0.001	低放废物

9.3.3 退役步骤

WAK 退役分为 6 个技术步骤：后处理厂关闭、拆除后处理厂单个系统、后处理建筑拆除、玻璃固化设施关闭、废液贮存设施拆除、场址建筑物拆毁。为执行拆除技术，防止放射性外溢，引入并操控远程控制工具，运送产生的废物桶，建造 HWL 南扩建厂房来实施远距离拆除 HWL 和 LAVA 厂房内高放废液贮罐。退役技术步骤按退役设施和内容划分，各步骤相对独立，总体上在时间安排方面具有连续性，但同一时期可以并行实施多个步骤。贮罐切割产生的金属碎片装入 200L 桶，通过扩建厂房移出这些废物，输送到 WAK 的废物处理设施（HDB）做进一步处理。

WAK 退役第 5 步为高放废液贮存设施退役拆除，包括玻璃固化厂（VEK）的退役。该步骤下又包括 10 个步骤：5.1 步为 HWL 南扩建厂房建设和调试（见图 9-19）；5.2 步为 HWL 厂房中放贮罐远距离拆除；5.3 步为 HWL 和 LAVA 厂房内高放废液贮罐远距离拆除；5.4 步为 LAVA 厂房高放试验室拆除和 3 个热室远距离拆除；5.5 步为 HWL 其余系统手动拆除，厂房去污和解控测量；5.6 步

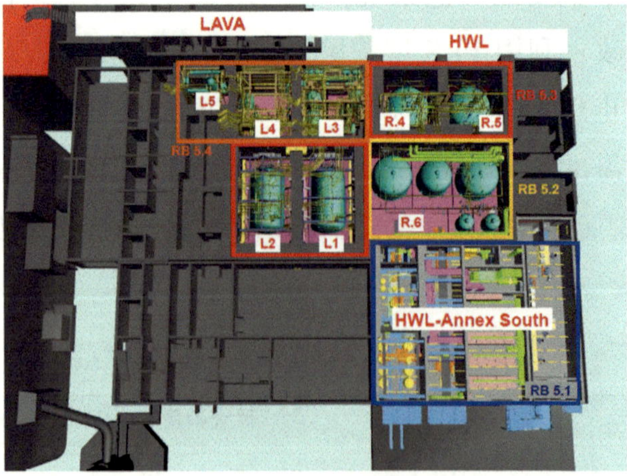

RB＝拆除步骤

图 9-19 高放废液贮存设施拆除步骤

为 LAVA 厂房其余系统手工拆除，厂房去污和解控测量；5.7 步为 ELMA（中放废液贮存扩建）管槽拆除；5.8 步为 VEK 工艺系统远距离拆除；5.9 步为 VEK 其余设备手动拆除，厂房去污和解控测量；5.10 步为剩余结构物拆除。

9.3.4 实际拆除

WAK 所有高放废液贮罐都采用远距离操作方法进行拆除。根据许可证审批规定，只能使用机械方法，不得使用热拆除方法。远距离拆除的一些工具和装置进行特定开发和设计，拆除工具和装置在特别设计的试验场进行了测试和鉴定。

WAK 的 4 个高放废液贮罐位于两个相邻贮存厂房的厚层混凝土设备室内。4 个高放贮罐在玻璃固化运行完成时被倒空并清污。由于设备室和容器中的剂量率高，因此仅使用远程操作的工具和设备。

拆除前准备工作：由于大型贮存容器的设备室只能从同一楼层进入，因此采用水平方向进行拆除。修建 HWL 南扩建厂房，设置退役控制室，操作远距离拆除设备、废物移出和转运通道、员工进出通道和防止污染扩散的重要屏障。

贮罐拆除的设备从水平方向引入热室。在此之前，对 HWL 的中放贮罐进行了拆除，腾出高放贮罐拆除所需的作业空间。贮罐拆除所用基本装置是远距离控制机械手携载系统（见图 9-20），机械手系统和其他装置（液压凿、液压混凝土破碎机 TOPTEC 2500E）可以与携载系统配合使用。机械手系统操作贮罐拆除所用的工具，例如液压金属板切割器、圆盘锯和横截锯等。采用的方案是在热室内把贮罐切割为适合装入 200L 桶的小段，通过扩建厂房移出这些废物，输送到 WAK 的废物处理设施（HDB）做进一步处理。

图 9-20 HWL 南扩建厂房内的机械手运载系统

LAVA 厂房的 3 个高污染热室（L3，L4，L5）进行远距离垂直拆除。这 3 个热室是从垂直方向进行设备部署，热室上有吊车大厅。远距离拆除设备使用具有反作用力的电动主从机械手系统（EMSM）(德国制造商 HWM 生产的 TELBOT TB 1000)，机械手系统与运载系统相连。

9.3.5 阶段性成果

2015 年，开始 4 个高放废液贮罐的第一个贮罐的拆除准备工作。为此，必须切割 1.5 m 厚的混凝土墙（见图 9-21）以进入第 1 个贮罐，切出的混凝土块用一个特殊装置拉出，混凝土块重 30 t，在一个相邻的房间切成小块以便转运。混凝土墙开口后即可对贮罐进行拆除。贮罐开孔后，先切割贮罐内的冷却水管并将切块放置在 200 L 桶内（见图 9-22），然后对罐底切割，第 1 个贮罐内无明显残留固体。2018 年春天完成了第 1 个贮罐的拆除，其余 3 个贮罐将依次进行拆除。2022 年开始对第 2 个贮罐进行退役，对该贮罐所在热室的墙壁进行开口并打开贮罐进行取样。

图 9-21　远程破碎 HWL 混凝土墙

图 9-22　贮罐开孔和切割并收集冷却水管切块

9.3.6 退役经验

德国卡尔斯鲁尔后处理厂高放废液贮存设施退役取得了积极进展。根据德国监管机构要求，其拆除只能采用机械方法，除采用人工拆除外，放射性高的设施要采用远距离操作技术和设备。这些技术和设备在放射性使用前要进行测试和鉴定，对人员要进行充分培训，培训利用 1∶1 台架进行。操作员在新设备的安装和调试期间应当介入以熟悉设备的运行和维护。一个远距离作业组至少应包括 3 名操作员。1 名操作员负责动力机械手系统的操作，另一名操作员负责相机和工具等，第三名负责吊车和运载系统。液压剪是切割管道的主要设备（操作员 1）。至少需要 2 个相机观察远距离拆除活动（操作员 2），与吊车相连的废物桶要保持在靠近操作位置以盛装拆下的部件。

放射性调查和去污等准备工作很重要。为了减轻作业引起的污染扩散和确保安全，容器和管道系统需要处于负压状态，但实际的拆除作业对维护负压有不利影响。退役设计所用的假设有个别与实际不符，这些假设稍显乐观。

后处理厂拆除需要特殊设计的设备和工具，例如，市场上没有可能切割厚度达到 10 mm 的不锈钢板的机械切割工具，必须定制设计。总体而言，特殊工具（新设计）、新装置、动力机械手及伸缩式运载器具、吊车和其他辅助设备的运行性能达到预期。

前期估计个别设备的剂量率不超过 0.1 mSv/h，实际高出 10 000 倍。最初的设计边界条件认为容器、管道是完全干的，容器呼排系统负压不会因拆除活动受到严重影响，因为预期剂量率小甚至可采取人员进入方式，这一点不完全正确。

应对高放废液输送管加以保护防止输送管内表面的高污染物对污染较轻的部件造成交叉污染。容器呼排系统为 VEK 与 LAVA 共用，应尽量保持运行。有必要对本系统的主要管路加以保护，对具有开口的管道和容器法兰插入管塞以使本系统保持所需的负压。

9.4 比利时

9.4.1 贮罐概况

欧化厂生产运行期间产生了 900 m^3 的高放废液，分别贮存在高放贮罐厂房 105X 两个水平放置的贮罐和 122X 厂房两个立式贮罐（见图 9-23）里。

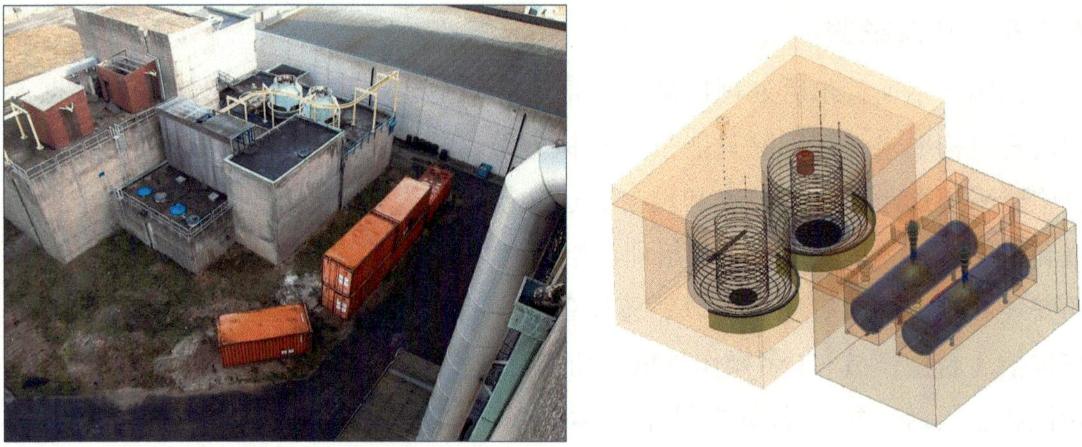

图 9-23　高放贮罐厂房 105X/122X

欧化厂主工艺厂房由于两种废物的化学和辐射剂量截然不同，因此安置两个不同的高放废物罐区。LEWC 废液的比活度约为 HEWC 废液的 10 倍。LEWC 废液贮存在 105X 厂房的两个第一代卧式双壁贮罐（253-1a 和 253-1b），罐内设有冷却装置。每个贮罐有效容积为 40 m^3，贮罐长 11 000 m，直径为 2 600 m，均安装在壁厚为 1.4 m 狭窄的混凝土设备室里。HEWC 废液贮存在 122X 厂房的两个第二代立式中等大小贮罐 258-1 和 258-2 中，容积均为 212 m^3，均安放于大型厚墙设备室里。经过一个相对短暂冷却期后，HEWC 废液转移到一个 500 m^3 贮罐中。

122X 厂房还包括高浓铀分配系统，贮罐设备室里有一个 1.1 m^3溢流罐。贮罐设备室有一个托盘和不锈钢衬里。

9.4.2　退役基本原则

为应对废物处理和处置成本增加的问题，并满足退役活动规划建议，欧化厂非常重视废物最小化。在实践中，对核装置、设备/部件退役产生的材料管理考虑了一些基本原则：

1）尽可能减少核素扩散；

2）尽量减少放射性废物产生；

3）材料回收和再利用；

4）采用适当处理技术，尽量减少放射性废物产生量。

9.4.3　去污清洗

贮罐倒空后开始清洗去污。首先将贮罐残留物稀释后送去玻璃固化，随后，用弱酸和弱碱对贮罐进行冲洗。253-1b 贮罐因事故接收一个裂变产品蒸发器失控溢出液，罐底残留固体沉积物，最后用较强腐蚀性强酸碱清除罐底残留物。

1986—1992 年期间对高放废液贮罐进行化学清洗。贮罐废液倒空后，1986 年 4 月开始贮罐清洗和去污，清洗去污残留物稀释后送去玻璃固化。因考虑重新利用贮罐贮存废液，1987 年 9 月至 1989 年 7 月期间停止清洗和去污。但因贮罐本身限制，决定不再启用贮存功能，随后用腐蚀性化学试剂进行去污处理。

首先使用 105X 厂房贮罐清污后的部分冲洗液对 122X 厂房贮罐进行清洗，随后又分别进行了冲洗。经过去污冲洗，105X 厂房和 122X 厂房贮罐顶部剂量从几个 Gy/h 下降至 mGy/h 左右。

253-1b 贮罐由于事故，罐底残留固体沉积物。在第一阶段，冲洗和去污很成功，但贮罐内仍残留大量放射性沉积物。经估计，253-1b 贮罐整个底部覆盖着 1 000 kg 细粒放射性盐沉积物。此外，还发现 122X 厂房贮罐设备室托盘的最底层受到严重污染，还有活性液体。溢流罐 258-6 也有相当量的活性物质，基本是^{137}Cs。检查显示大部分放射性都集中在罐底固体不溶性沉积物上。105X 和 122X 厂房的贮罐设备室内辐射源分布见表 9-5。

表 9-5 105X 和 122X 厂房贮罐设备室内辐射源

	105X				122X						
TBq	253-1a		253-1b		258-1		258-2		258-6	托盘	托盘
	固体	表面	固体	表面	固体	表面	固体	表面	固体 & 液体	液体	表面
^{137}Cs	0.67	0.11	10	0.11	0.3	0.01	0.85	0.1	9	2.8	0.4
总 α	0.3	/	0.23	/	/	/	0.09	/	0.1	0.02	0.002
总 β	550	/	22	/	/	/	10	/	31	4	0.44

1992 年，根据成本效益评估，决定停止化学冲洗作业，认为化学冲洗已无济于事。中放贮罐去污表明：高压水射流清除金属表面污染很有效，同时还能最大限度减少废物量。因此，这种技术是最适合进一步去污贮罐的方法。

9.4.4 退役概念

2005 年初对两个高放厂房退役进行概念研究。第一阶段包括对贮罐和贮罐设备室进行远程检查、绘制剂量率图以及对贮罐设备室内进行取样。检查项目结果被用于制作贮罐和贮罐设备室内活性沉积物的放射性建模。随后，通过这些模型进行调查和评估退役策略。

退役概念包括对贮罐进行手动去污、远程控制清除贮罐底部的大部分沉积物，然后进行人工退役阶段。在这一阶段，将对贮罐进一步去污，并采用自上而下的方式进行拆毁。在整个去污和拆卸过程中，水将作为防止辐射和污染的第一道屏障。

概念研究表明，对于卧式贮罐，通过贮罐顶部的新检修孔置入去污工具是最可行方案。对于立式贮罐，将在罐体上新开一个检修孔。

9.4.5 退役计划

表 9-6 为主要退役计划。

表 9-6 退役计划成本

项目	计划（年）
概念研究	2005—2007
专家评审	2008
详细工程设计、最终退役计划、发放许可证	2009—2013
建造新厂房投入使用（辅助厂房）	2014—2017
退役和拆毁	2017—2027

为拆除 105X 和 122X 高放贮存厂房，筹备新建 170X 厂房（见图 9-24），用来远程去污和拆除欧化厂的高放贮罐，为 105/122 厂房和热室提供一个新安全通道，以便于退役。170X 厂房的设计寿命为 20 年。170X 厂房与 105X 和 122X 厂房整合在一起，将建在现有 105X 和 122X 厂房的高放贮罐设备室的顶部，该厂房的作用是连接放射性源区、工艺厂房和贮存缓冲区。在完成 105X 和 122X 厂房拆除后，170X 厂房也将最终去污和完全拆除，预计拆除费用 0. 679 亿欧元。

新建厂房项目于 2010 年开始初步工程研究，2017 年开始筹建 170X 厂房工作。到 2019 年底，完成了约 1/3 的投资（3 500 万欧元）。高放贮存厂房退役实际进展与表 9-6 存在差异，根据能获得的信息预测，大致在 2033 年完成。

9.4.6 退役废物管理

105X、122X、170X 厂房的去污和拆除工作估计将持续 10 年。保守估计去污拆除产生一次废物量见表 9-7 至表 9-9。

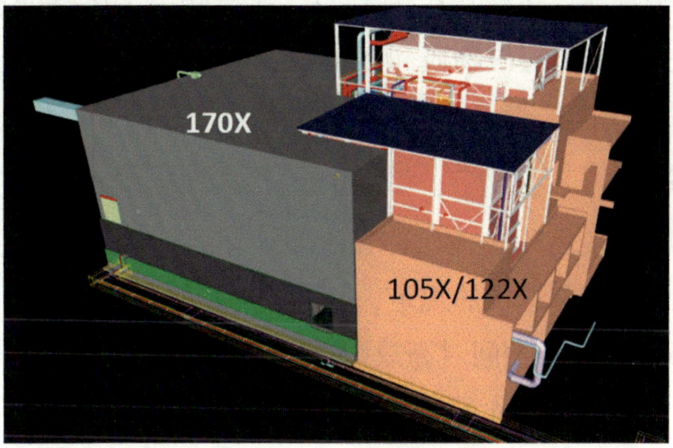

图 9-24　170X 厂房的 3D 视图

表 9-7　105X、122X、170X 厂房去污拆除估计产生的一次废物量

厂房	混凝土/重晶石/t	金属/t	残留物（贮罐）/t	杂项/t
105X/122X	49.0	91.8	1.148	11.09
170X	42.1	83.7	–	–

表 9-8　按照废物类别估计 105X/122X 产生的一次废物量

105X/122X 厂房	HLSW/t	MLSW/t	LLSW-α 废物/t	LLSW/t	$MLSW/m^3$
其他	1.148				
废液					500
金属		2.3	76.3	13.2	
混凝土			33.7	13.8	
重晶石				1.6	
杂项				1.1	
总量	1.148	2.3	110	29.7	500

注：HLSW-高放固体废物；MLSW-中放固体废物；LLSW-α 废物：低放 α 固体废物；LLSW-低放固体废物。

表 9-9　按照废物类别估计 170X 产生的一次废物量

170X	MLSW/t	LLSW-α 废物/t	LLSW/t
金属	19.5	19.5	44.8
混凝土			42.1
总量	19.5	19.5	86.9

注：MLSW-中放固体废物；LLSW-α 废物：低放 α 固体废物；LLSW-低放固体废物。

除产生一次废物外，还将产生大量的二次废物，主要是低放可燃性和可压缩的干预服、废过滤器、爆破物质和不明废液：13 t 二次固体废物、2 530 m^3 二次废液。

9.4.7 退役经验

由于严重污染的表面积较大，存在大量不溶性固体沉积物，以及贮罐和厂房的设计缺乏未来去污和退役的规定，高放贮罐区退役并非易事。

尽管在 1986—1992 年期间对高放贮罐进行的化学冲洗证明非常成功，但剂量率仍然过高，无法在不事先采取远距离去污步骤和不过度使用生物屏蔽的情况下进行实际退役。

欧化厂做出避免放射性源扩散的直接选择。如果干放射性沉积物不受控制地扩散，就会危及所选择的战略，造成危险和成本无法控制的局面。然而，可以通过以下措施来控制风险：采取最坏情况处理法和“始终回到安全状态”原则；选择适当的退役策略，并始终考虑后备解决方案。

参考文献

[1] West Valley Demonstration Project Decommissioning Successes & Challenges.

[2] West Valley Demonstration ProjectDisposition of Tank 8D-4 Contents.

[3] FACILITY FOR THE SAFE DECONTAMINATION AND DISMANTLING OF STORAGE TANKS IN BUILDINGS 105X/122X ON THE ONDRAF/NIRAS SITE 1 (DESSEL, BELGIUM).

[4] Management of HL Deposits for the D&D Of UP1 Reprocessing Plant - Retrieval and Treatment Scenarios [A]. WM2015 Conference-15295.

[5] Tank Waste Retrieval, Processing, and On-site Disposal at Three Department of Energy Sites: Final Report[R].

[6] J. Dux, Beata Eisenmann, et al. Decommissioning and Dismantling of Prototype Reactors and Fuel Cycle Facilities at the German Karlsruhe Site-Progress and new Challenges, Proc. Waste Management Symposium, Phoenix Arizona USA, 2010.

[7] Volker Engelbrecht, Daniel Friedrich, Klaus-Dieter Krug. Dismantling of HLLW Process Installations of the German Reprocessing Facility (WAK)-Progress and first Experiences in Hot Application of Remote, Proc. Waste Management

Symposium, Phoenix Arizona USA, 2017.

[8] DECOMMISSIONING OF WAK/VEK.

[9] ASN REPORT on the state of nuclear safety and radiation protection in France in 2021.

[10] Methods for Heel Retrieval for Tanks C-101, C-102, and C-111 at the Hanford Site [A]. WM2013 Conference-13064.

[11] Department of Energy Tank Closure– An Examination of Alternative Approaches [R]. WM2015 Conference-15390.

[12] Hanford's Double-Shell Tank AY-102 Recovery Project [R]. WM2017 Conference-17416.

[13] GAO, HANFORD CLEANUP: DOE's Efforts to Close Tank Farms Would Benefit from Clearer Legal Authorities and Communication, GAO-21-73.

[14] 陈树明. 美国军用后处理厂及放射性废液大罐的退役埋藏技术[J].

第 10 章 核燃料后处理厂退役废物处理和处置案例

10.1 美国

10.1.1 超铀废物处置

美国超铀废物采用深地质处置策略，废物隔离中试厂（WIPP）是世界上唯一在运行的深地质处置库，位于地下 2 150 英尺的 2.5 亿年的盐层中，于 1999 年开始接收超铀（TRU）废物。美国冷战时期产生的 150 万 m^3 直接操作超铀（CH TRU）废物和 7 000 m^3 的远距离操作超铀（RH TRU）废物都将最终在这里处置。

WIPP 位于墨西哥州东南部，距卡尔斯巴德（Carlsbad）约 80 km。该处置库是一座盐矿处置库，位于地下 665 m，盐层厚度达 600 m。截至 2024 年 7 月，WIPP 已接收了超过 13 790 批次废物，总计超过 75 480 m^3，未来十年内，还计划处置 25 000 m^3 的 TRU 废物。处置过程中，CH TRU 废物容器堆码在处置单元的地面上，RH TRU 废物容器放置在位于处置单元墙壁上的钻孔中（图 10-1 和图 10-2）。

图 10-1 RH TRU 废物模拟放置图

图 10-2 已放置在某一处置单元中 CH TRU 废物和镁氧化物回填材料图

10.1.2 萨凡纳河场址废物管理

(1) 超铀废物

萨凡纳河场址设立有专门的固体废物管理项目来处理场址内的固体废物，包括卫生、建筑和拆除（C&D）废物、危险废物、低放废物及超铀废物。放射性废物分为三类，大部分是低放射性废物。低放废物主要受短寿命同位素的污染，在现场的工程设施中处置。第二类是能源部认定的TRU废物。第三类是高放射性废物。

自1999年WIPP处置库接收废物以来，萨凡纳河场址的超30 000个TRU废物容器在WIPP进行了处置，至2019年，完成了1 665次运输，运输废物量达10 730 m^3。

(2) 高放废物

萨凡纳河场址贮罐区的废物主要为上清液、盐饼和泥浆。上清液含有大部分的铯和可溶性盐；盐饼的成分为硝酸盐、亚硝酸盐、硫酸盐等结晶盐；泥浆由未溶解的固体组成，主要为含有锕系元素（大部分放射性来自^{90}Sr）和带入的上清液的铁、铝的氧化物/氢氧化物。

萨凡纳河建设了国防废物处理设施对高放泥浆进行固化。为了减少需要固化的高放废物的量，对泥浆和盐饼预处理，将废物分为高放废物和低放废物部分，预处理主要工艺包括盐溶解、除铯、锶，为了使低放废物满足后续大体积浇注的要求，也需要通过预处理除超铀核素（钚）。

泥浆经过清洗，并在扩建的泥浆处理设施中进行铝溶解。该工艺主要是去除铝和可溶性盐，以减少高放玻璃体积并提高玻璃质量。该工艺溶解并提取可溶性非放射性成分，例如，铝和可溶性盐类，这些成分与盐类溶液一起被进一步处理成低放废物。含有高浓度铝的泥浆要经过两步处理。首先，在90℃用3 mol苛性碱溶解泥浆中的氧化铝，泥浆清洗前，要移出含有溶解铝的上清液。泥浆清洗是一个水稀释的过程，在这个过程中，水添加到废物槽中并混合。混合后，让废物沉淀，并移出上清液。清洗后的泥浆被转移到玻璃化设施中。

对于盐饼，通过添加四苯硼酸钠（TPB）去除盐饼中的^{137}Cs和残留的Sr与Pu，这称为槽内沉淀过程（ITP）。主要目的是去除盐饼中的可溶性钠盐，使其符合玻璃化产品的成分要求。用泵将盐饼溶液送到一个分离槽中，在槽内加入四苯硼酸钠和少量的钛酸钠，以沉淀不溶性的钾、铯、NH_4^+等盐。钛酸钠有助于吸附残留的 Sr 和 Pu。由于盐溶液中存在大量的钾，这些钾也会以四苯硼酸钾的形式沉淀下来，因此处理过程中需要添加四苯硼酸钠的量要大于将 Cs 沉淀为 Cs TPB 所需的量。过量的四苯硼酸钠也确保了 ^{137}Cs 完全沉淀。接下来，通过连续过滤将沉淀物浓缩到质量比为 10%的固体，清洗去除可溶性盐，并转送到盐处理设施中。处理后的可溶性盐溶液与水泥、矿渣和飞灰混合，作为低放废物固定在盐石设施中（大体积浇注）。

10. 1. 3　汉福特场址超铀废物管理

汉福特工程公司针对含 α 放射性核素的可燃废物开发了酸浸煮法，并进行了工程实验。该方法使用热浓硫酸和硝酸浸煮可燃性固体物质，把大部分有机物转变为气体产物，把大部分无机物转变为硫酸盐和氧化物。

20 世纪 70 年代初，汉福特工艺实验室首先进行了湿燃烧法研究并建造了一套 RADTU 试验装置，以 3 kg/h 的处理量处理了 2 100 kg 低水平超铀废物，这些废物原有 140 桶。处理后得到了残渣 0. 4 m^3。

废物包装在（15×15×79）cm 纸盒中，外面封以塑料膜，然后装在 210 L 桶中。处理前要测定桶中钚含量。然后打开桶盖，取出废物包，通过空气闸门进入手套箱中，在分类台上进行分类。可燃性废物送到切割机进行切割。不可燃废物在另一罐中输送出另作处理。为了减少不可燃小颗粒物质如玻璃、金属进入酸浸煮器中，可进行过筛或用空气分离器处理。切碎的物质通过加料管在 100 kg/cm^2的力下，将密度压缩成 0. 55～1. 0 g/cm^3，加进浸煮器中，一次加料 100～280 g。浸煮器的作用类于焚烧炉的燃烧室，设计要求保证燃料废物同硝酸氧化剂安全混合，完全氧化并能排出所产生的尾气和方便地除去残渣 。浸煮器产生的尾气首先进入雾沫分离器，在那里大部分硫酸得到回收，再依次进入第一和第二洗涤塔进行再次回收。

此外，美国 THOR 公司还采用热解和蒸汽重整工艺去除 TRU 废物中的液体、挥发性有机物（VOC）、氢气、腐蚀性酸碱等成分。WIPP 处置库接收废物的预处理采用了这种工艺。

工艺包括两个处理阶段，一个桶内热解过程，然后是一个蒸汽重整过程。在第一阶段，TRU 废物在惰性环境中被加热到 650 ℃至 750 ℃的温度。废物桶被放置在一个电加热的热解室中，水被蒸发，有机物被挥发和热解，腐蚀性物质和反应性物质被转化为无害的氧化物或碳酸盐化合物。桶中的热解残余物将是一种惰性的、无机的、含有放射性金属的碳焦。

第二阶段是处理热解过程中产生的废气，包括一个蒸汽重整器和一个用于中和酸性气体的下游洗涤器。热解产生的废气包括水蒸气、挥发的有机物以及纤维素材料（即纸、湿巾、防污服等）、塑料和桶内其他有机物分解产生的酸性气体。来自热解室的废气被真空拉到蒸汽重整器的底部。蒸汽转化过程破坏废气中的残留有机物，包括 RCRA 和 TSCA 有机成分。这些有机物在蒸汽转化器中通过蒸汽转化和氧化反应的组合被转化为二氧化碳和水蒸气。

该工艺的特点是大大减少了处理含钚废物的污染控制问题。适度的处理温度减少了放射性金属的挥发，非常低的废气流量基本消除了桶内废物的气溶胶问题。此外通过一个带有陶瓷过滤器和密封机制的桶盖来防止放射性核素进入空气。陶瓷过滤器可以实现气体互换的同时防止放射性核素的释放。

10.2　法国

10.2.1　α 固体废物处理

法国阿格场址上有三座后处理厂，分别是 UP2-400、UP2-800 与 UP3-800 后处理厂，对气冷堆、轻水堆、快中子堆辐照的乏燃料进行后处理。UP2-400 后处理厂于 2004 年永久关闭，2013 年获得退役许可，其余两个后处理厂仍在运行。

阿格场址上建设了完备的固体废物处理、整备设施，对 α 固体废物进行管理。这些设施主要包括 α 废物集中处理设施（UCD）、固体废物整备设施（AD2）和固体废物压实设施（ACC）。位于马库尔场址的混合氧化物燃料制造厂（Melox）产生的不适合地表处置的废物也送往阿格后处理厂处理和整备，欧安诺为 Melox 的营运单位。

（1）α 废物集中处理设施-银浸溶

α 废物集中处理设施由 3 条生产线组成。该设施采用银离子对废物去污。银浸溶去污是在酸性溶液中洗涤废物，电解产生的 Ag^{2+} 氧化钚，使其易于溶解。一旦去污，则对废物进行淋洗、干燥，装入 120 L 的桶，通过测量进行检查，并送往适当的整备设施。

A 线从 MELOX 混合氧化物燃料制造厂的 α 焚烧炉产生的焚烧灰中回收钚。该生产线主要包括：灰粉碎；脱氯以防止氯化银（AgCl）沉淀；二价银浸溶；通过过滤分离未溶解的灰。

B 线和 C 线的作用是金属和塑料废物的净化。B 线和 C 线的设计相同。生产线由三个主要部分组成：废物的分拣和机械预处理；二价银浸溶；处理前后废物桶中钚含量的计数。

分拣和预处理集中在一个大尺寸热室中，该热室配有两个相对的工作台：在一侧，使用轻型遥控机械执行正常操作；另一侧配有手套，用于直接维护操作。

在该热室中，通过气闸接收 120 L 废物桶，废物分为两类。首先，对不适合浸溶过程的废物进行分选。它们被取出并放入新的桶中，然后可以进行更为适合的处理：焚烧或压实。这类废物仅占受 α 污染废物的小部分，主要包括：纤维素废物，在浸提溶液中耐腐蚀性差的金属部件。然后对适合于浸溶过程的废物进行切割以提高去污效率：大尺寸金属部件被切成小块，塑料废物被切碎。

二价银浸溶在连接到电解池的 200 L 容器中进行，电解池连续产生二价银。初始浸提溶液是硝酸和硝酸银（$AgNO_3$）的混合物。浸提溶液通过循环罐中的涡轮机在浸溶容器和电解池之间循环。然后，将去污的废物漂洗、干燥并装入新的 120 L 桶。

10.2.2 中放泥浆处理、整备

（1）阿格后处理厂中放泥浆干燥

阿格后处理厂为处理遗留中放泥浆，开展了用干燥结合压实整备泥浆的研究，本节概述这方面的情况。

1）贮存设施

UP2-400 后处理厂已于 2013 年获得退役许可，目前正在退役，STE2 的泥浆回取和处理是 UP2-400 退役的一部分。泥浆的回取和处理工作由欧安诺公司负责实施。

UP2-400 对石墨气冷堆（UNGG）和氧化铀燃料进行后处理，运行期间产生的长寿命中放泥浆还有 9 400 m^3 贮存于场址上 STE2 的 7 个贮坑、贮罐（泥浆上方有 1~1.5 m 厚的上清液），见图 10-3。5 个贮坑：方形，尺寸为 16 m×14 m×11 m，体积为 2 200 m^3，一些盖有塑料泡沫；2 个贮罐：圆柱形，不锈钢材质，高 10 m，直径 12 m，容积为 1 000 m^3。贮存坑与贮罐顶部均有 1 m 厚的混凝土盖板，其入口均为一个直径为 900 mm 的开口。

2）泥浆特性

泥浆的化学成分多年来略有变化，但 STE2 泥浆主要含硫酸钡、铁氰化物、碳酸钙、硫化钴和其他一些氢氧化物。泥浆中核素铯、钴的浓度很高，泥浆的黏稠度也很高。泥浆的活度范围是：4×10^{13} Bq/m^3（β/γ）、$1\times10^{11}-1\times10^{12}$ Bq/m^3（α）；密度范围为 1.1–1.45 kg/L。

表 10-1 和表 10-2 列出了根据历史记录和 1992 年到 2014 年期间三次取样和特性调查获得的泥浆的化学和放射性结果 。

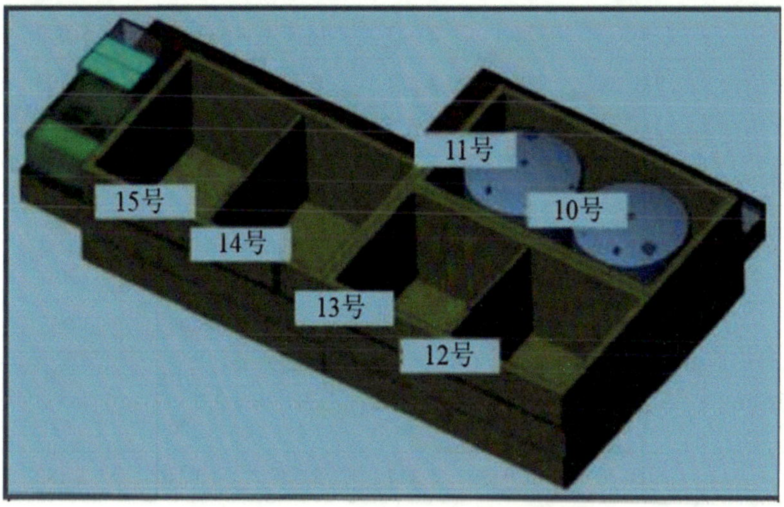

图 10-3 其中 6 个贮存坑/贮罐

表 10-1 STE2 泥浆淤泥的平均化学成分

设施编号	10	11	12	13	14	15	17
化学成分/(%w)							
$BaSO_4$	15	52.9	20.5	53.4	55.3	54.9	61
CoS	3.9	7.4	5.4	6.4	8.5	7.9	8.7
PPFNi	5.1	6.6	7	7.1	8.7	8.9	7.9
Ti（OH）$_4$	1.9	2.3	0.8	2.7	2.7	2.5	2.3
Mg（OH）$_2$	2.9	2.5	10.6	6.2	2.6	3.9	0
Fe（OH）$_3$	0.2	0.9	1	1.6	1	1	1.2
UO2（OH）$_2$	1.6	0.9	7.1	3	1	1	1.1
Ca_3（PO4）$_2$	0.7	1.8	2.7	0.8	1.9	1.9	2.6
$CaCO_3$	51.9	0	27.8	0	0	0	0
共计	83.2	75.3	82.9	81.2	81.7	82	84.8
可溶性盐（$NaNO_3$ 和 Na_2SO_4）	16.8	24.7	17.1	18.8	18.3	18	15.2
总计	100	100	100	100	100	100	100

表 10-2 STE2 泥浆的平均放射性存量

设施编号	10	11	12	13	14	15	17
活度							
总活度 β/γ（TBq）	2 241	1 575	4 902	24 772	15 556	18 010	1 139
主要核素							
^{137}Cs	1 305	778	2 623	18 324	7 458	9 009	532
Sr-Y	931	788	2 277	6 407	8 002	8 893	602
^{60}Co	1	3	0	0	48	61	2
总活度 α（TBq）	155	179	374	1 518	960	994	153
主要核素							
^{238}Pu	25	52	54	276	292	301	44
$^{239}Pu-^{240}Pu$	22	16	49	257	93	96	13
^{241}Am	104	99	265	954	510	530	85
^{244}Cm	3	14	7	31	66	67	12
^{241}Pu 活度	408	1 029	1 117	2 588	3 161	3 182	931

3）泥浆处理

2008 年前，法国采用沥青固化技术处理 STE2 回取出的泥浆。2008 年法国核安全局禁止使用沥青固化技术后，欧安诺公司开始研究新的处理技术路线。水泥固化也曾作为候选技术，并开展了相关的固化试验，但试验结果表明水泥固化无法实现高包容率，水泥基体与泥浆成分的兼容性存在不确定性，而且法国认为水泥固化前还需对泥浆进行干燥预处理，所以放弃了水泥固化。

2010 年欧安诺公司提出采用干燥技术，将回取的泥浆干燥后压成饼，装入 C5 容器用沙子封装整备。干燥处理的减容系数预计为 2~3，干燥后的泥浆 β/γ 活度预计为 60 GBq/kg，α 活度为 3.2 GBq/kg，等同于中放废物水平，因此干燥与压实操作需要远程操作。欧安诺公司在阿格场址上建造了试验规模的干燥设施（见图 10-4），使用模拟泥浆开展了广泛的试验，结果表明干燥可去除泥浆中 95%的水分。欧安诺还对汉福特场址可直接操作的超铀废物模拟物进行了试验，并取得了可喜的结果。2016 年核安全局同意安装泥浆干燥处理设施。

泥浆干燥设施是一个立式薄膜蒸发器，在真空和惰性气体条件下工作图 10-5 为处理示意图。干燥后的泥浆送入造粒研磨装置进行压实处理，流程见图 10-6。含盐量约 190 g/L 的泥浆以 250 L/h 的速度送入干燥器中。干燥器外部有蒸汽加热套，在真空环境下进行干燥，工作温度在200℃以下。干燥的颗粒压实处理后送入不锈钢桶（C5），空隙内填入沙子，然后焊接封盖。过程涉及的所有设备都安装在热室中，并且需要远程操作和维护。

然而，在2017年年底，欧安诺公司告知核安全局，计划建在STE3的泥浆干燥处理设施在设备运行和维修方面存在困难。欧安诺提出新的替代方案，采用离心法处理，并于2019年年底提交了安全论证文件（DOS）。核安全局对项目进行安全审查后，发现项目的成熟度不够充分，无法对DOS给出结论。欧安诺于2020年7月更新DOS后再次提交，目前还在审查当中。

图10-4　试验规模的泥浆干燥器（仰视图）

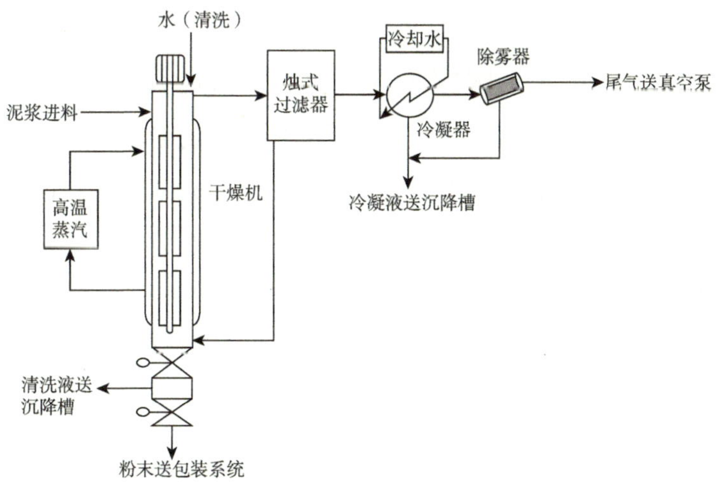

图10-5　泥浆干燥处理示意图

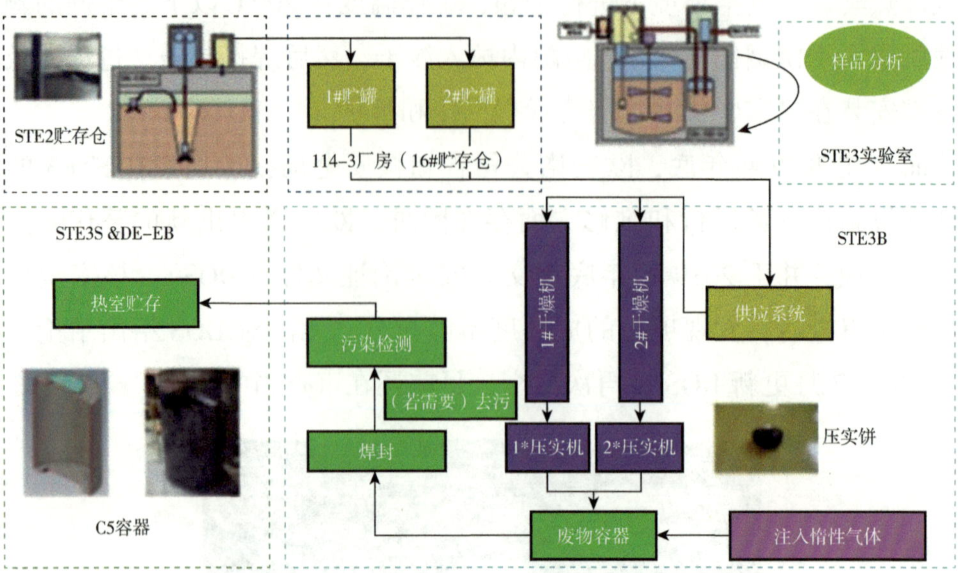

图 10-6　阿格场址泥浆干燥压实工艺流程（左下为 C5）

干燥处理技术在核电厂放射性泥浆、浓缩液和废离子交换树脂干燥方面应用广泛，但用于 α 泥浆（中放废物）需要进行 α 防护，设备的自动化和远距离操作复杂，在老旧核场址部署这种设备还受到可用空间的限制，因此设备的设计和工程实施难度很大，没有实际应用。

法国阿格后处理厂为处理遗留 α 泥浆对此技术进行了大量研究和开发工作，但最终因设施过于复杂而放弃了这一技术路线。目前，阿格后处理厂泥浆管理路线是回取后离心处理后装桶暂存，未确定最终的整备方式。

（2）威立雅罐内玻璃固化

最初由美国太平洋西北国家实验室为美国能源部开发，法国威立雅（Veolia）的罐内玻璃固化 GeoMelt 技术已经在许多场合使用并被证明是一种有效的处理放射性废物、部件、泥浆以及其他工艺废物的方法。GeoMelt 玻璃固化过程使用电阻加热来固化放射性废物。玻璃固化发生在耐火钢容器中，钢容器的尺寸根据过程中废物处理量而决定，从几百公斤到 40~50 t。处置容器是重复利用的或者作为固化完成后的直接处置容器使用。不挥发放射性核素和危害性金属进入玻璃体中，废物中的任何有机材料（油、离子交换树脂等）都可以通过热分解加以破坏。处置容器有很多外形和构造，但是通常都依照特定长期贮存/处置设施要求来建造。最终固定的放射性核素废物体是无腐蚀性、无反应性的，机械性能好，且不产生气体。同时，由于固化过程导致的密度增加，玻璃固化体增大了对于放射材料的自身屏障。

（3）法国欧安诺罐内玻璃固化

DEM&MELT 罐内玻璃固化工艺技术为欧安诺、法国原子能和可替代能源委员会和法国国家放射废物管理局合作项目。DEM&MELT 项目的罐内玻璃固化工艺是一种简单耐用的多功能玻璃固化工艺，最初由 CEA 为了内部应用（α 液体废物玻璃固化）开发，可用于处理中高放废物，能处理液体和固体废物，减小二次废物产量，优化投资和运行成本。针对 α 废物的罐内玻璃固化工艺，目前已完成技术开发和验证工作（自 2005 年开始），已经进行了 20 余次完全规模中试，按美国能源部的技术成熟度（TRL）衡量，可达到第 7 级①。

（4）PIVIC 焚烧/玻璃固化

PIVIC 项目是欧安诺、法国原子能和可替代能源委员会和法国国家放射废物管理局的合作项目，旨在研究有机 α 废物的罐内焚烧/玻璃固化技术。该项目处理的 α 废物（含钚废物）主要来自欧安诺设施，包括用于混合氧化物燃料生产的手套箱（Melox 设施）和阿格乏燃料后处理厂。

混合废物由约 30% 的有机物和约 70% 的金属组成，计划到 2042 年生产 3 400 m^3。目前这些废物被包装在 118 或 120L 的桶中，放置在阿格场址的暂存库。包括：

1）有机废物：手套箱的手套、湿巾、手套箱的窗户、塑料（PVC……）。

2）金属废料和各种部件：电力设备、有缺陷的机械 产品、工具……

3）过滤器：第一道过滤屏障，第二道过滤屏障，研磨机预过滤器，实验室过滤器……

该部分 α 废物原本的整备方案是压实，但由于有机物辐射分解和水解可能产生的腐蚀和爆炸，压实方案被否决。于是欧安诺、法国原子能和可替代能源委员会和法国国家放射废物管理局合作开发 PIVIC 工艺，焚烧有机物，熔化金属废物，将矿物残渣玻璃固化。

图 10-7 为简化的工艺流程图。图 10-8 为核心设备的示意图。该工艺可在单一容器内实现废物的有机部分的热解，然后是气体焚烧（纯氧等离子体火焰），金属熔炼并将焚烧灰固定到玻璃基体中。该种处理技术要求可实现有机物

① Régis Didierlaurent, Caroline Michel, et al. DEM&MELT In-Can Thermal Treatment for D&D and Remediation Waste. Proc. Waste Management Symposium, United States, 2021.

的完全破坏，保证放射性核素的屏蔽，可以无需预处理直接进料，并建成批量处理系统。

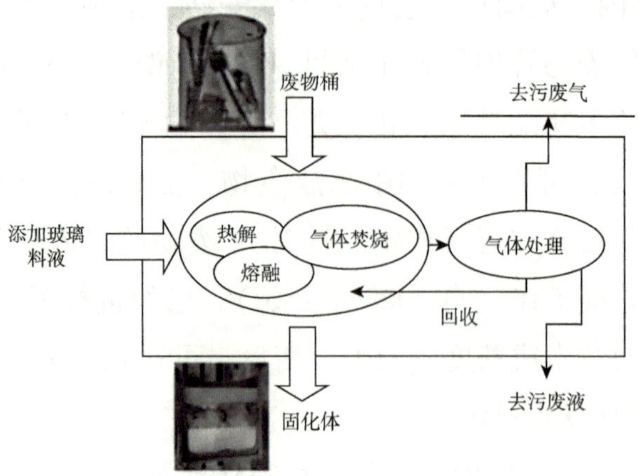

图 10-7　PIVIC 工艺流程图

该工艺采用直接进料，加入反应器的物料逐渐降低至反应器底部，有机物随着物料的物位变化而热解，完全燃烧后，燃烧灰沉积在坩埚中。废物燃烧采用纯氧等离子体火炬，使用纯氧可以大大减少工艺流程中的气体体积，从而缩小气体处理设备的体积，并优化燃烧动力学。PIVIC 工艺使用坩埚作为最终容器，预计填充时间小于 48 h，这种配置简化了控制设备和维护过程，降低了腐蚀程度。

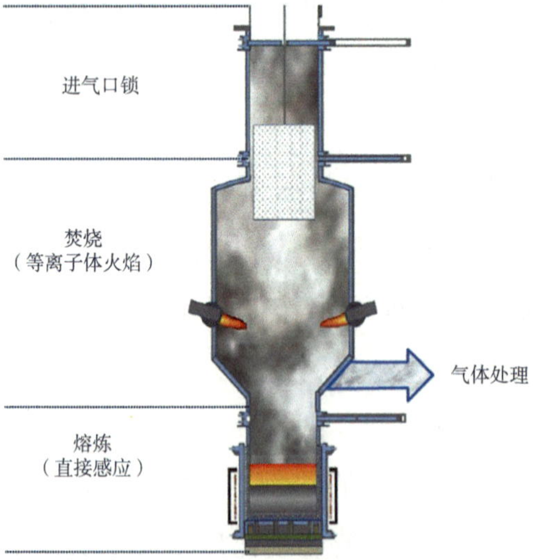

图 10-8　PIVIC 核心设备示意图

最终产生的废物包是底部为金属，上层为玻璃的双相废物。这对玻璃成分和包装有更高的要求，后续开发中需要考虑玻璃和金属之间的相互作用，锕系元素在固化体中的分布以及金属废物在整个封装过程中的长期行为。从材料角度看，铝硅酸盐玻璃比更传统的硼硅酸盐玻璃更受欢迎，因为硼在高温下具有挥发性（不锈钢必须加热到 1 450 ℃才能熔化）。

自 2011 年来，该项目已完成了部分实验室规模的验证和模拟。包括对罐内双相材料的低频感应融化以及开发了一种铝硅酸盐玻璃配方等。该项目预计在 2030 年建立起完整的工艺设施并投运。

10.3 德国

WAK 后处理厂退役产生的所有的放射性废物在卡尔斯鲁厄研究中心废物处理站进行处理。根据放射性情况，废物可分为：

1）豁免废物；

2）有限制或再循环（如熔融）的废物；

3）低放废物；

4）中放废物；

5）高放废物。

通过放射性废物豁免、有限制或无限制再循环使用的准则，对沾污非常低的金属进行熔融单独回收，可重新使用的仪器则重新使用。

在后处理厂的不同部分中，放射性同位素的含量差异很大。因而，各个系统独立地收集废物，不同系统的废物必须收集在不同的废物桶中，并对这些系统进行有代表性的取样，并进行样品分析。通过下列方法，对约 70 种放射性核素的水平进行了估计：

1）测量包装的剂量率。考虑了包装的几何尺寸和废物的自屏蔽后，接触剂量率与放射性存量存在着一定的内在联系；

2）测定固体或液体废物的重量及比活度；

3）在使用 γ 谱仪或被动中子计数法的废物桶检测仪中测量废物。

为了便于在卡尔斯鲁厄研究中心废物处理站进行废物处理，对拆除过程中产生的废物进行了分类包装，并根据卡尔斯鲁厄研究中心的运输规定，将废物运至卡尔斯鲁厄研究中心废物处理站。

在卡尔斯鲁厄研究中心废物处理站进行废物整备后，直到最终处置前，废物在卡尔斯鲁厄研究中心废物处理站进行中间贮存。

WAK 产生的退役废物估算如表 10-3 所示。

表 10-3 WAK 后处理厂退役产生的废物量的估算

分类	体积/m^3	状况	去向
高放废物	52（玻璃固化体）	130 罐①，150 L/罐（400 kg）	贮存，等待将来地质处置
去污废物	1 681	整备后放射性废物为 3 360 m^3	处置
	2 840	去污后清洁解控	再循环、再利用
建筑垃圾结构材料	2 279	整备后放射性废物为 4 560 m^3	处置
	110 000	清洁解控	再循环、再利用

10.4 比利时

漂洗和去污操作产生多达 370 m^3的废液。从去污废液中回收约 33 kg 铀和 1 100 g 钚。废液在中放废液蒸发器中浓缩成约 70 m^3的浓缩物，将其送到中放废液贮存罐中贮存后进行沥青固化。

钚尾端设备拆除的所有固体废物，包括擦洗时用过的可燃废物（抹布、手套、吸水材料）在内，共移除约 3 100 g 钚。含钚不足 2 g 的箱体转移到 SCK/CEN 废物处理设施内，废物被压实并用沥青固化在 220 L 桶内。含钚 2 g 以上的废物罐，主要是可燃废物，均贮存在欧化厂现场，后送场外的酸浸煮处理装置中处理。

对于设备拆除的金属废物，采用干法研磨技术，建造了一个工业干法研磨装置，从 1 730 t 金属废物中解控了 1 212 t 金属，达 70%。一部分经两次检测后被无限制解控，另一部分因其表面无法被测量，而在一个熔融设施中熔融后装桶后进行解控。该研磨系统的适用性进行了检验，证明没有材料表层没有受到放射性污染。

对于拆除的预埋管道混凝土，开发了一套“混凝土规范装置”。“混凝土规范装置”结合了两个独立的测量值。在第一次测量期间，混凝土碎片通过一个检测部分，对总活度进行检测，如果污染水平过高，则进行能谱分析，以确定污染的同位素组成。如果检测到严重污染，将作为放射性废物。未受污染的部件被传送至第二次测量，第二次测量是基于随机样品的体积测量。如果污染水平达到解控条件，即进行解控。

对于主工艺厂房热室拆除的混凝土，开发了一套混凝土破碎和取样装置，

① 实际 VEK 玻璃固化产生了 140 罐玻璃产品。

在将混凝土与其中的金属件分离后，首先对混凝土进行破碎处理，将混凝土的尺寸减小到最大 40 mm 的粒度。然后进行取样，将样品研磨至 5 mm 粒度，并收集在 5 L 瓶和 200 L 桶中，进行两次独立检测，如果污染水平达到解控条件，即进行解控。

参考文献

[1] Mason J B, McKibbin J, Schmoker D, et al. Pyrolysis/Steam Reforming Technology for Treatment of TRU Orphan Wastes [R]. THOR Treatment Technologies LLC, Richland, WA (US), 2003.

[2] Lerch R E, Allen C R, Blasewitz A G. Treatment of alpha-bearing combustible wastes using acid digestion [R]. Hanford Engineering Development Lab., Richland, WA (United States), 1977.

[3] Elisa LEONI, Benoit CARPENTIER, Christine LAMOUROUX. La Hague STE2 Sludge Retrieval and Conditioning Strategy. WM2019 Conference, March 3-7, 2019, Phoenix, Arizona, USA.

[4] Kevin G. Finucane, Brett E. Campbell, et al. The Development of GeoMelt In-Container Vitrification (ICV)™ for Fukushima Daiichi Water Treatment Secondary Wastes. Proc. Waste Management Symposium, United States, 2021.

[5] 李昕. 中放废液贮罐退役工艺方案设计[D]. P.45. 南华大学. 2019.

[6] Régis Didierlaurent, Caroline Michel, et al. DEM&MELT In-Can Thermal Treatment for D&D and Remediation Waste. Proc. Waste Management Symposium, United States, 2021.

[7] Girold C, Charvin P, Hugon I, et al. Mixed metallic and organic transuranic waste incineration/vitrification [C]//WM2017 Conference (Phoenix, Arizona, USA. 2017: 17539.

[8] Vijay Jain. SURVEY OF SOLIDIFICATION PROCESS TECHNOLOGIES [R]. CNWRA 98-005. pp.34-35. 1998.

[9] Mark Schmitz, Thomas Foster, Vijay Jain SRS Defense Waste Processing Facility-the Nation's Only Operating Vitrification Facility-Completes 20 Years of Radioactive Operations. Proc. Waste Management Symposium. 2017.